钢结构工程质量控制图解

北京钢结构行业协会　主编

中国建筑工业出版社

图书在版编目(CIP)数据

钢结构工程质量控制图解 / 北京钢结构行业协会主
编. —北京:中国建筑工业出版社,2021.1
　ISBN 978-7-112-25385-2

Ⅰ.①钢… Ⅱ.①北… Ⅲ.①钢结构-建筑工程-工
程质量-质量控制-图解 Ⅳ.①TU391-64

中国版本图书馆 CIP 数据核字(2020)第 158680 号

　　本书基于已建、在建且有代表性的钢结构项目施工实例,结合国内钢结构施工的最新成果和现行相关规范规程及标准进行编写,包括钢结构工程深化设计,原材料检查与验收,钢结构件制作,钢构件运输、堆放与保管,劲性钢结构安装工程,单层钢结构安装工程,多、高层钢结构安装工程,钢网格结构安装工程,大跨度钢结构安装工程,紧固件连接工程,钢结构焊接工程,楼承板及栓钉工程,钢结构涂装工程,索膜结构工程,钢结构金属围护工程 15 章内容。

　　本书适合钢结构施工人员、项目管理人员及钢结构设计、监理人员参考学习。

责任编辑:李天虹
责任校对:张惠雯

钢结构工程质量控制图解

北京钢结构行业协会　主编

*

中国建筑工业出版社出版、发行(北京海淀三里河路9号)

各地新华书店、建筑书店经销

北京红光制版公司制版

临西县阅读时光印刷有限公司印刷

*

开本:880 毫米×1230 毫米　1/32　印张:9¾　字数:270 千字
2020 年 11 月第一版　　2020 年 11 月第一次印刷
定价:**78.00** 元
ISBN 978-7-112-25385-2
(36318)

《钢结构工程质量控制图解》
编写委员会

主　　任：高乃社

副 主 任：胡　勇　常海君

委　　员：（排名不分先后）

张　伟　　陈华周　　彭明祥　　乔聚甫　　雷鸣炜

高树栋　　荣军成　　阮新伟　　李浓云　　刘旭东

孟祥武　　宋利鹏　　马　杰　　苏　磊　　夏倚天

李明荣　　李　毅　　王泽强　　高　蕊　　王文胜

张治刚　　项海侠　　赵海健　　李维杰　　金　辉

向以川　　王益民　　胡天木　　张　钢　　包文韬

荆　奎

主编单位：北京钢结构行业协会

参编单位：北京市建设工程安全质量监督总站

　　　　　北京城建集团有限责任公司

　　　　　北京建工集团有限责任公司

　　　　　中建三局集团有限公司

　　　　　中铁建设集团有限公司

　　　　　中国新兴建设开发有限责任公司

首钢建设集团有限责任公司

北京城建十六建筑工程有限责任公司

中建二局安装工程有限公司

中建科工集团有限公司

新疆生产建设兵团第六建筑工程有限责任公司

北京城建精工钢结构工程有限公司

东方诚建设集团有限公司

唐山冀东发展集成房屋有限公司

序　一

怎样定义一本好书？

在建筑行业摸爬滚打几十个春秋，对钢结构建筑一直情有独钟。读过很多建筑行业的专业书籍，当我在闲暇的下午时光里读《钢结构工程质量控制图解》时，仍然心生感动和感慨，这是一本从业人员迫切需要的书！一本通俗易懂、兼具知识性与实用性的书！一本图文并茂、指导性强、专业性强的好书！

《钢结构工程质量控制图解》是基于已建、在建且有代表性的钢结构项目施工实例，结合国内钢结构施工的最新成果和现行有关规范规程，结合十多位实践经验丰富的行业专家自身多年的管理实践与施工经验，针对每一个具体的质量问题，以工程实体照片和文字描述的方式，将存在的质量问题、原因分析、防治措施及标准规定等结合在一起，图文并茂地展示出来，让读者们在实际工作中对照学习，增强质量意识，提高质量控制能力。

《钢结构工程质量控制图解》由钢结构工程深化设计，原材料检查与验收，钢结构件制作，钢构件运输、堆放与保管，劲性钢结构安装工程，单层钢结构安装工程，多、高层钢结构安装工程，钢网格结构安装工程，大跨度钢结构安装工程，紧固件连接工程，钢结构焊接工程，楼承板及栓钉工程，钢结构涂装工程，索膜结构工程，钢结构金属围护工程十五章组成，基本涵盖了钢结构工程从制造厂到现场施工关键工艺做法，文字描述直入主题、操作性和实用性强，能够对钢结构从业人员给予一定的启发和帮助，尤其适合工程项目质量管理人员应用参考。

因此，无论是初涉钢结构行业的从业人员，还是如我般对钢结构建筑偏爱之人，都将从本书中对钢结构工程有更深入、更细腻的理解，都将从中受益匪浅。

我非常高兴能够为《钢结构工程质量控制图解》作序。

住房和城乡建设部

姚兵

序　二

　　近几年来，随着经济不断发展壮大，我国建筑业在整体规模和技术水平上有了长足发展和提高，一大批设计新颖、质量优异的建筑拔地而起，为我国的经济建设添砖加瓦。

　　由于钢结构具有强度高、结构自重轻、构件截面小、抗震性能好、平面布置灵活、建筑造型美观、有效节约空间、工业化程度高、施工速度快、现场用工省、建筑周期短和可回收利用等一系列优点，国家大力推动钢结构建筑的发展，使得钢结构的应用日益增多，受到越来越多的重视。2017 年全国钢结构产量突破 6000 万吨，2018 年达到 6874 万吨，增幅达到 11.84%，钢结构产量增幅超过建筑业整体发展增速的 9%，我国钢结构建筑有广阔的发展前景。

　　长期以来，我国钢结构施工企业和有关工程技术人员，为满足用户对工程质量的需求，持续提高工程质量水平，秉承"创建质量精品、防治质量通病、提供优质服务"的理念，立足于多层面和多维度制定解决方案，抓创新促管理，精心施工，严控过程质量，使钢结构工程整体质量水平稳步提高，我国的钢结构加工制造和施工管理已经跨入世界先进行列。

　　但是我们也应该看到，钢结构工程的质量水平受到人工、机械、物料、法规、环境等因素的制约和影响，加之钢结构制作、安装工艺复杂，专业性强，技术含量高，施工难度大，人员素质偏低，管理粗放，监管不到位等不利条件，工程质量通病仍然经常发生，质量问题在个别工程项目上还很突出，这些问题一直困扰着钢结构工程管理和技术人员。

　　为此，北京钢结构行业协会组织长期从事钢结构科研、设计、制作、安装、焊接、栓接技术、防腐涂装、防火涂装和金属围护结构等具有丰富的工程实践经验和技术理论水平的专家用了一年多的时间编写完成《钢结构工程质量控制图解》（简称《图解》）。

该《图解》基本涵盖了建筑钢结构施工的各个应用领域，资料丰富翔实。内容以钢结构深化设计、材料管理、制作和安装全过程中经常发生的违反国家相关技术规范、规程和标准的一些错误做法为案例，逐条列出其现象，分析产生的原因，制定防治措施和正确做法，并列出必要的质量要求和验收标准。提出的问题均源于工程实体，对每个具体的质量问题采用图文并茂的表达方式，形式新颖，文字表述直面主题，言简意赅，使读者能准确掌握要领，得到启发，举一反三，防患于未然，有很强的专业性和实用性，对施工现场钢结构工程技术和管理人员有很好的指导性。

《图解》的出版发行，创新和丰富了钢结构施工质量控制手段，在钢结构行业具有引领和示范作用。我相信它将在全国钢结构工程常见质量问题防治层面发挥积极作用，在钢结构施工行业产生较大影响，也必将对钢结构施工质量的提升产生积极的推动作用，从而对提高建设工程质量具有十分重要的意义。

北京市住房和城乡建设委员会

前　　言

随着我国国民经济的不断发展和科学技术的进步，钢结构因其承载力高、自重轻、抗震性能好、平面布置灵活、适应性广、工厂化制作程度高、施工周期短、环保可回收利用等特点，在我国建筑领域应用范围日益广泛。特别是近年来，钢结构施工技术得到了突飞猛进的发展，在一批"高、大、精、尖"的项目中，新结构、新材料、新工艺、新技术不断涌现。随着钢结构工程日益增加，从业队伍日益壮大，钢结构应用也受到各地的高度重视，钢结构制作、安装技术水平有了很大的提高，在某些方面已进入世界先进行列。但不同地域、不同企业间发展不均衡的矛盾仍然比较突出，在施工过程中，一些常见的质量通病仍然时有发生。钢结构施工一线的管理人员、技术人员和工程实体作业人员迫切需要一本通俗易懂、经济适用、指导性强的专业书籍来提升自己。

为加强企业工程项目管理，提高技术人员管理水平，正确指导施工现场施工，进一步提高钢结构工程施工质量，我们组织业界从业均达到 30 年，具有钢结构制作、安装管理实践与施工经验的专家团队编写了这本《钢结构工程质量控制图解》，该书是一本简明扼要、通俗易懂、知识面广、实用性强、图文并茂的专业性指导书籍，针对每一个具体的质量问题，以工程实体照片方式表达质量问题和现象、产生的主要原因分析、需采取防治措施及标准做法，来解读钢结构施工工艺及节点做法。

本书基于已建、在建且有代表性的钢结构项目施工实例，结合国内钢结构施工的最新成果和现行相关规范、规程及标准进行编写，由钢结构工程深化设计，原材料检查与验收，钢构件制作，钢构件运输、堆放与保管，劲性钢结构安装工程，单层钢结构安装工程，多、高层钢结构安装工程，钢网格结构安装工程，大跨度钢结构安装工程，紧固件连接工程，钢结构焊接工程，楼承板及栓钉工程，钢结构涂装工程，索膜结构工程，钢结构金属围护工程 15

章组成，基本涵盖了钢结构工程从制造厂到现场施工关键工艺做法，文字描述直入主题，操作性和实用性强，能够对施工一线广大操作人员和项目管理人员给予一定的启发和帮助，也供设计、监理人员在工作中参考和借鉴。

本书在编写方式上力求做到简明扼要、通俗易懂、概念清楚、工艺先进、措施有效、实用性强，便于读者理解和应用。在编写中也参考了近年来发表的论文和出版专著，谨向有关作者表示衷心感谢和敬意。由于时间仓促，本书难免有不妥之处，恳请读者、专家提出宝贵意见、批评指正，以便今后不断完善提高。

目　录

第1章 钢结构工程深化设计

1.0.1 层状撕裂的预防

现象	接头位置不合理，焊缝交叉集中，板厚方向发生层状撕裂
主要原因	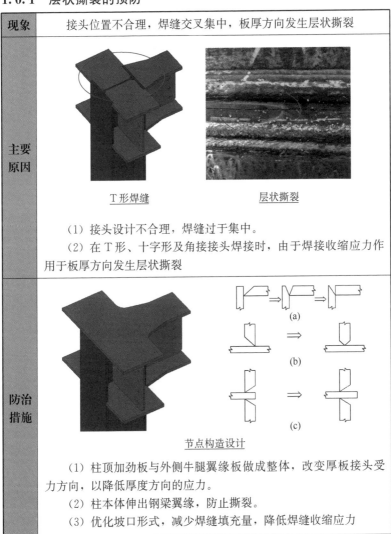 T形焊缝　　　　　　　　　层状撕裂 （1）接头设计不合理，焊缝过于集中。 （2）在T形、十字形及角接接头焊接时，由于焊接收缩应力作用于板厚方向发生层状撕裂
防治措施	节点构造设计 （1）柱顶加劲板与外侧牛腿翼缘板做成整体，改变厚板接头受力方向，以降低厚度方向的应力。 （2）柱本体伸出钢梁翼缘，防止撕裂。 （3）优化坡口形式，减少焊缝填充量，降低焊接收缩应力

1.0.2　加劲板过焊孔设计

现象	加劲板未设置过焊孔，导致装配时零件角部与主焊缝冲突。构件焊缝交叉时未设置过焊孔，导致焊缝集中（箭头处）

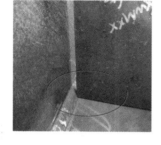 

未设置过焊孔	焊缝十字交叉

主要原因	深化设计时漏标过焊孔或未考虑焊脚尺寸，过焊孔未按规范设置

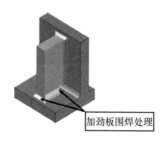 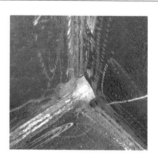

加劲板围焊处理

加劲板围焊处理	过焊孔开设

过焊孔大小推荐表

零件板厚（mm）	被焊件厚度（mm）			备注
	≤40	>40~80	>80	
≤40	$R=35$	$R=50$	$R=60$	包角处理
>40~70	$R=50$		$R=60$	
>70	$R=60$			

防治措施

参照《多、高层民用建筑钢结构节点构造详图》16G519 和美国《钢结构焊接规范》AWS D1.1，根据梁柱本体厚度及加劲板厚度，开设适当大小的过焊孔，提高焊缝连续性，并作包角处理

1.0.3　连接板设防错标识

现象	连接板孔位上下不对称，装配时易出错
主要原因	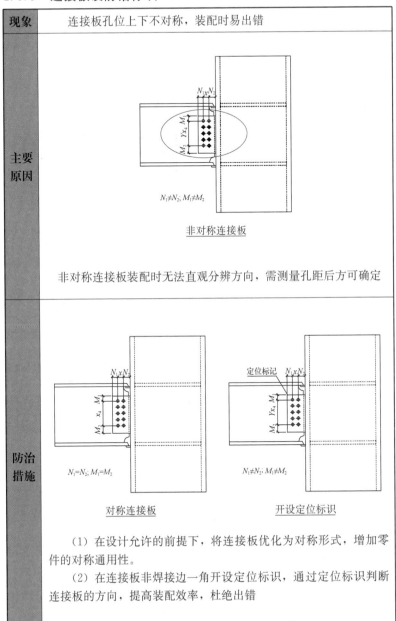 非对称连接板 非对称连接板装配时无法直观分辨方向，需测量孔距后方可确定
防治措施	对称连接板　　　　开设定位标识 （1）在设计允许的前提下，将连接板优化为对称形式，增加零件的对称通用性。 （2）在连接板非焊接边一角开设定位标识，通过定位标识判断连接板的方向，提高装配效率，杜绝出错

1.0.4 加劲板内缩设计

现象	H型钢加劲板与翼缘平齐，焊接熔池易流淌，包角处焊缝外观成型差
主要原因	 包角焊缝成型差　　　　　包角焊缝打磨量大 （1）包角处焊接熔池易流淌。 （2）包角焊缝长度过短，焊接操作难度大
防治措施	 包角成型外观　　　　　　构件展示 （1）深化设计时加劲板内缩5～15mm。 （2）包角处保证焊缝连续性，减少断弧，提高焊缝质量和成型外观

1.0.5　详图设计对工艺考虑不全面

现象	因设计图中，零件位置重叠、封闭截面空间偏小，导致施焊空间不足，使得部分零件无装焊空间
主要原因	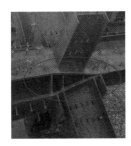  施焊空间不足　　　　　　　无施焊空间 （1）构件截面空间较小，且零件密集，焊接空间不足，或焊缝被零件遮挡。 （2）设计人员、深化人员对工厂焊接工艺了解不足，设计建模时未考虑施焊空间
防治措施	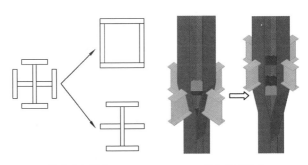 简化节点形式　　　　　　　优化节点形式 （1）与设计单位沟通，简化节点形式，取消不可焊零件和隐蔽焊缝。 （2）优化节点形式，改善零件焊接条件，隐蔽焊缝转为外露焊缝。 （3）优化焊缝等级要求。 （4）提高焊接可操作性

第2章 原材料检查与验收

2.0.1 钢材表面锈蚀超标

现象	钢材表面锈蚀超标
主要原因	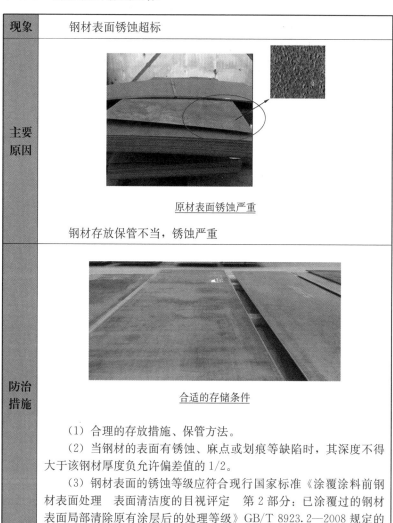 原材表面锈蚀严重 钢材存放保管不当，锈蚀严重
防治措施	合适的存储条件 （1）合理的存放措施、保管方法。 （2）当钢材的表面有锈蚀、麻点或划痕等缺陷时，其深度不得大于该钢材厚度负允许偏差值的 1/2。 （3）钢材表面的锈蚀等级应符合现行国家标准《涂覆涂料前钢材表面处理 表面清洁度的目视评定 第 2 部分：已涂覆过的钢材表面局部清除原有涂层后的处理等级》GB/T 8923.2—2008 规定的 C 级及 C 级以上

2.0.2　板材尺寸偏差超标

现象	板材尺寸偏差超标
主要原因	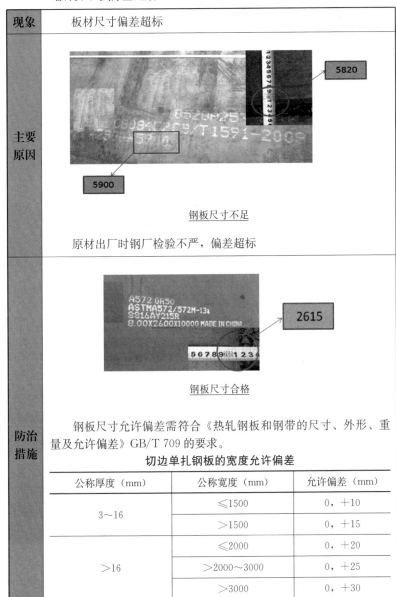 钢板尺寸不足 原材出厂时钢厂检验不严，偏差超标
防治措施	钢板尺寸合格 钢板尺寸允许偏差需符合《热轧钢板和钢带的尺寸、外形、重量及允许偏差》GB/T 709 的要求。

钢板尺寸合格

钢板尺寸允许偏差需符合《热轧钢板和钢带的尺寸、外形、重量及允许偏差》GB/T 709 的要求。

切边单扎钢板的宽度允许偏差

公称厚度（mm）	公称宽度（mm）	允许偏差（mm）
3~16	≤1500	0，+10
	>1500	0，+15
>16	≤2000	0，+20
	>2000~3000	0，+25
	>3000	0，+30

钢板的尺寸、厚度作为进场检验必检项

2.0.3 钢板未按设计或规范要求进行无损检测

现象	钢板未按设计或规范要求进行无损检测
主要原因	 未按要求检测 原材进厂时质量管理不严格
防治措施	 厚板超声波无损检测 　　厚度大于等于40mm有Z向性能要求的厚板，宜逐张进行无损检测（根据《钢结构工程施工规范》GB 50755），无损检测不合格的钢板严禁使用（根据《钢结构超声波探伤及质量分级法》JG/T 203）

2.0.4　原材复试取样位置不正确

现象	原材复试取样位置不正确
主要原因	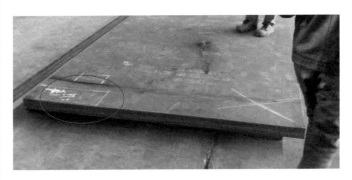 钢材复试取样位置错误
防治措施	 钢材复试正确取样位置

　　取样试件中心应在钢板宽度 1/4 处，钢板宽度不足以在 $w/4$ 处取样，试件中心可内移，但应尽可能接近 $w/4$ 处（w 为钢板宽度）（根据《钢及钢产品　力学性能试验取样位置及试样制备》GB/T 2975）

2.0.5 热轧 H 型钢截面尺寸偏差超标

现象	热轧 H 型钢截面尺寸偏差超标
主要原因	 H 型钢截面尺寸偏差超标 H 型钢出厂前钢厂未按标准检验，把关不严
防治措施	 截面合格的 H 型钢 截面 $H<400$mm 时，允许偏差为 ±2mm。 截面 400mm$\leqslant H<600$mm 时，允许偏差为 ±3mm。 截面 $H\geqslant600$mm 时，允许偏差为 ±4mm。 不合格产品严禁使用。 符合《热轧 H 型钢和剖分 T 型钢》GB/T 11263 的要求

2.0.6　运输、堆放致型材变形

现象	运输、堆放致型材变形
主要原因	  薄壁型材变形严重　　　　　　　旁弯变形 堆放不当、运输磕碰、散包等导致型材变形
防治措施	  方矩管堆场　　　　　　　型材打包堆放 管壁的不平度应符合《冷拔异型钢管》GB/T 3094 要求。 **边凹凸度不大于（单位：mm）**

边长尺寸	边凹凸度不大于	
	普通级	高级
≤30	0.20	0.10
>30～50	0.30	0.15
>50～75	0.80	0.50
>75	0.90	0.60

（1）打包必须牢固，两端头对齐，避免散包。
（2）吊运时用吊带等进行捆扎，严禁直接钩吊端头，避免变形

2.0.7　镀锌层破坏

现象	镀锌材料表面锈蚀严重，镀锌层破坏
主要原因	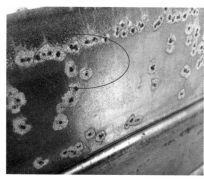 镀锌材料锈蚀 堆垛密集，构件间湿气无法排出，导致镀锌材料锈蚀
防治措施	 镀锌件正确的存放方式 （1）镀锌产品应存放于干燥、通风良好的环境中，避免露天存放。 （2）如不得不存放于室外，底层需铺垫枕木并离地至少 30cm，保证各镀锌件之间用垫块隔离，留有足够空隙，使空气自由流通，且应稍微倾斜放置以便排水

2.0.8　油漆存放不当

现象	（1）油漆堆放混乱，不同品牌油漆混放，容易造成油漆领用错误。 （2）油漆未离地存放，易受潮
主要 原因	 油漆存放混乱，且未离地 油漆存放要求未对油漆库管员交底，或油漆库管员管理不当
防治 措施	 油漆存放 （1）对仓库管理员进行交底，并定期检查。 （2）先入库者先领用，避免油漆存放过多导致过期、存放混乱。油漆码放高度不宜超过 1.5m（参照安全相关标准核对数据），防止"倒堆"事故发生。 （3）油漆存放应严格控制温湿度，且至少离地、离墙 100mm，避免受潮。 （4）不同项目、不同品牌的油漆应分类存放，并设立标识牌

2.0.9 焊材存放不当

现象	（1）未按要求分类堆放。 （2）未按要求离地离墙防潮
主要 原因	 焊材未按要求存放 （1）仓库管理员管理不当。 （2）仓库管理员不清楚相关要求
防治 措施	 合格焊材存放 （1）对仓库管理员进行交底，并定期检查。 （2）按工程、规格、型号等进行分类堆放，标识清晰完整。 （3）焊材堆放应离地不超过 1.5m，离墙距离大于 300mm。库房温度不低于 5℃、相对湿度不得高于 60%

2.0.10　板材波浪变形

现象	钢板切割后出现波浪变形
主要原因	 *切割后波浪变形* 中厚板交货时内应力过大，切割后应力释放产生波浪变形
防治措施	*钢板验收* （1）钢板宜选用残余内应力小的钢板。 （2）钢板的不平度符合《热轧钢板和钢带的尺寸、外形、重量及允许偏差》GB/T 709 的要求（单位：mm）：

公称厚	钢类 L				钢类 H			
	≤3000		>3000		≤3000		>3000	
	测量长度							
	1000	2000	1000	2000	1000	2000	1000	2000
8～15	7	11	11	17	10	14	16	22
>15～25	7	10	10	15	10	13	14	19
>25～40	6	9	9	13	9	12	13	17
>40～100	5	8	8	11	8	11	11	15

第3章 钢结构件制作

3.1 下料

3.1.1 下料尺寸偏差超标

现象	下料尺寸偏差超标
主要原因	 尺寸偏差 下料尺寸与设计尺寸不符，偏差超标
防治措施	尺寸自检 （1）数控批量下料时首件完成后应立即进行首件验收。 （2）考虑切割损耗等因素，根据加工工艺，预留补偿余量

3.1.2 缺棱或切割面粗糙

现象	缺棱或切割面粗糙
主要原因	 缺棱或切割面粗糙 （1）切割速度、风线角度、割嘴型号或氧气压力不当。 （2）钢板表面锈蚀严重，且未做预处理
防治措施	 正常切割面　　　　　　正常坡口面 切割面不允许有大于 1mm 的缺棱（摘自《钢结构工程施工质量验收规范》GB 50205）。 （1）选择正确的切割速度、气压、割嘴型号等，符合工艺参数要求。 （2）切割前清除表面铁锈和杂物。 （3）厚板切割前预热

3.1.3 切割面倾斜

现象	切割面边缘呈倾斜状态
主要原因	 切割面倾斜 割嘴与板面不垂直、风线歪斜、切割氧压力低或嘴号型号偏小
防治措施	 切割面垂直板面 （1）保证割嘴垂直，不得向行进方向的两侧倾斜。 （2）选用正确割嘴型号，并保证气压充足

3.1.4　切割面上缘熔化

现象	切割面上缘熔化
主要原因	 上缘熔化 （1）切割氧压力过大，切割速度过慢。 （2）割嘴阻塞或损坏
防治措施	 正常切割的上缘外观 　　适当降低气压，提高切割速度，且在切割前清除铁锈、表面油污和杂物

3.1.5　零件钻孔飞边毛刺未及时清理

现象	零件钻孔飞边毛刺未及时清理
主要原因	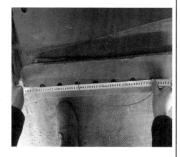 毛刺等未打磨处　　　　　孔距超差 （1）孔壁粗糙、孔径不对、不圆，钻头研磨不到位。 （2）钻孔的平台水平度不准，工件没有放平引起孔的中心倾斜
防治措施	 规范的钻孔 （1）正确研磨钻头，达到规定的要求。 （2）钻孔后打磨清理飞边毛刺

3.1.6 孔距错误

现象	孔距错误
主要原因	 孔距错误 （1）未在钻孔中心打上样冲，钻孔定位错误。 （2）钢板重叠钻孔时未对准基准线
防治措施	**螺栓孔孔距允许偏差（mm）** 见下表

螺栓孔孔距允许偏差（mm）

螺栓孔孔距范围	≤500	>500~1200	>1200~3000	>3000
同一组内任意两孔间距离	±1.0	±1.5	—	—
相邻两组的端孔间距离	±1.5	±2.0	±2.5	±3.0

注：1 在节点中连接板与一根杆件相连的所有螺栓孔为一组；
   2 对接接头在拼接板一侧的螺栓孔为一组；
   3 在两相邻节点或接头间的螺栓孔为一组，但不包括上述规定螺栓孔；
   4 受弯构件翼缘上的连接螺栓孔，每米长度范围内的螺栓孔为一组。

（1）大批量钻孔应采用钻模套钻，多层钻孔时应采取有效防窜动措施。

（2）注意重叠钻孔基准线，钻孔前应试钻，首件应验收，经查合格后方可正式钻孔。

（3）孔距错误的孔可采用与母材材质相匹配的焊条补焊后重新制孔

3.2 组立

3.2.1 定位焊不符合规范要求

现象	(1) 定位焊长度、间距、焊缝厚度不符合要求。 (2) 定位焊收弧处出现弧坑裂纹
主要原因	 定位焊弧坑裂纹　　　　　　定位焊成型差 　　未进行焊前预热，定位焊焊缝厚度不足，焊接材料 S、P 含量超标，定位焊接收弧手法不当等
防治措施	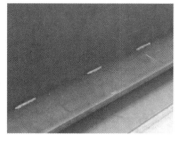 合格的定位焊外观 　　(1) 施行定位焊人员必须由持有相应资格证书。 　　(2) 单边坡口的定位焊应在坡口背面，双面全熔透坡口定位焊应在清根侧

3.2.2 腹板偏心

现象	腹板不居中
主要原因	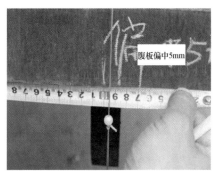 腹板偏心超标 （1）组装时未找准基准面造成尺寸超差。 （2）检测方法不合理、计量器具使用不当。 （3）定位焊不牢固或焊接顺序不合理，导致定位焊零件崩开
防治措施	 腹板位于翼缘板中心 腹板偏心不得超过 2mm（摘自《钢结构工程施工质量验收规范》GB 50205）。 （1）组立时先画好中心线。 （2）组立完成后及时量取翼板中心线与腹板中心的偏差值。 （3）定位焊时端头 200mm 内必须点焊牢固，避免焊接时崩开

3.2.3 隐蔽部位不合格

现象	隐蔽部位不合格
主要 原因	  内部垃圾未清　　　　　　隔板弯曲度超标 隐蔽验收未按规范执行
防治 措施	  箱形构件隐蔽验收 （1）所有隐蔽部位在隐蔽之前须报验。 （2）验收合格后方可隐蔽，隐蔽验收资料及时存档

3.2.4 焊缝组对间隙超标

现象	焊缝组对间隙超标
主要 原因	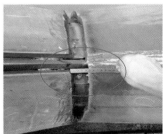 焊缝组对间隙超标 （1）零部件尺寸超差。 （2）组对尺寸超差
防治 措施	 对接间隙合格 （1）控制零件加工尺寸、坡口平直度和坡口直线度。 （2）将装配间隙等要求及时对装配人员交底

3.2.5　引熄弧板加设不合格

现象	引熄弧板加设不合格
主要原因	引熄弧板加设不合格 　　交底不清楚，员工对引熄弧板的加设标准未掌握，或未按工艺要求执行
防治措施	合理设置引熄弧板 　　根据《钢结构焊接规范》GB 50661规定，埋弧焊引弧板、引出板长度应大于80mm，气保焊引弧板、引出板长度大于25mm，且坡口形式与主焊缝相同

3.2.6　电渣焊衬板间隙偏差

现象	电渣焊垫板间隙偏差
主要原因	电渣焊垫板间隙大 （1）组装操作不精细。 （2）垫板端铣前弯曲度超差。 （3）垫板组装时隔板边缘有毛刺、氧化铁遗留物等未夫除
防治措施	<div align="center">电渣焊垫板规范做法</div> <div align="center">电渣焊夹板与隔板装配间隙不超过 0.5mm</div>

3.2.7 翼缘板、腹板拼接焊缝间距不符合规范要求

现象	翼缘板、腹板拼接焊缝间距不符合规范要求
主要原因	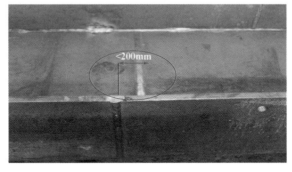 *焊缝错开间距不规范* （1）工艺排版考虑不周。 （2）未按工艺文件执行，随意拼接造成焊缝错开距离不符合规范要求
防治措施	 *箱形柱拼接符合规范要求* （1）当箱形柱主体因钢板长度不够而需对接时，其翼缘板的最小拼接长度应在 600mm 以上。 （2）同一零件中接头的数量不超过 2 个。同时，在进行套料时必须保证腹板与翼板的对接焊缝错开距离在 200mm 以上。 （3）圆管接料原则应符合《钢结构工程施工规范》GB 50755 中的相关要求

3.3　焊接

3.3.1　焊接变形

现象	焊接变形
主要原因	 角变形　　　　　　　　　　侧弯 （1）热输入过大。 （2）未按焊接顺序要求进行翻身对称施焊。 （3）坡口角度和尺寸未按工艺要求开设
防治措施	根据《钢结构工程施工质量验收规范》GB 50205，H 形翼缘与腹板垂直度允许偏差为 $b/100$，且不大于 5mm。箱形柱板垂直度允许偏差为 $b/150$，且不大于 5mm。侧弯矢高允许偏差为 $L/2000$，且不大于 10mm。扭曲允许偏差为 $h/250$，且不大于 10mm。 　　（1）减少焊缝数量，选择合理的焊缝尺寸和形状，用反变形措施或者刚性固定法，选择合理的装配焊接顺序，减少焊接变形量。 　　（2）对已发生的焊接变形，可以用火焰和机械方法进行校正

3.3.2 焊脚高度超差

现象	角焊缝焊脚高度超差
主要 原因	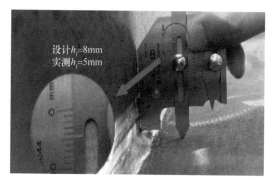 角焊缝焊脚偏小 　　操作人员施工时无工艺卡，或者未按工艺卡施工，质检员未检查焊脚尺寸
防治 措施	 焊脚高度测量 　　(1) h_f≤6mm 时，偏差值为 0～1.5mm。h_f>6mm 时，偏差值为 0～3mm（根据《钢结构焊接规范》GB 50661）。 　　(2) 明确质量标准、进行三级交底、严格执行检查，可有效减少焊脚高度不足的质量问题

3.3.3　焊接飞溅

现象	焊接飞溅物
主要原因	 焊缝飞溅物未处理 （1）焊接电流过大、电压太高或保护气体的流量不足。 （2）电源极性接反或磁偏吹
防治措施	 飞溅物清理合格焊缝 （1）选择合适的电流电压。 （2）将金属焊接飞溅清除剂均匀喷涂或涂刷在焊缝两侧 100mm 范围内，注意不要喷在焊缝中以免产生气孔

3.3.4　焊缝裂纹

现象	焊缝裂纹
主要 原因	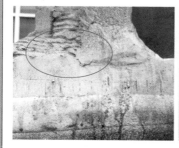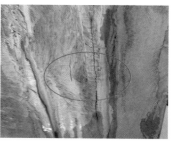 裂纹 （1）焊接接头存在淬硬组织，性能脆化。 （2）扩散氢含量较高，使接头性能脆化，并聚集在焊接缺陷处形成大量氢分子，造成非常大的局部压力。 （3）存在较大的焊接拉应力
防治 措施	 　　焊前预热处理　　　　　　　　焊后保温处理 （1）焊前预热和焊后保温缓冷。 （2）采用合理的装配和焊接顺序。 （3）选用合适的焊接材料。 （4）焊前应仔细清除坡口周围金属表面的水、油、锈等污物。 （5）焊后应立即进行消氢处理，使氢从焊接接头中充分逸出

3.3.5　气孔

现象	焊缝出现气孔
主要原因	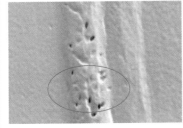  气孔 （1）气体保护失效或保护气不纯。 （2）焊嘴被堵未及时清理、风速过大、焊丝伸出长度过长
防治措施	  正常焊缝外观 　　一、二级焊缝不允许有气孔，三级焊缝每 50mm 内允许直径不大于 0.4t 且不大于 3mm 的气孔 2 个，孔距不小于 6 倍的孔径（《钢结构焊接规范》GB 50661）。 　　（1）确保焊接保护气体气压充足，焊丝伸出长度不宜过长。 　　（2）手工电弧焊焊接环境风速不超过 8m/s，CO_2 气体保护焊不超过 2m/s，雨雪天或湿度大于 90% 时禁止焊接。 　　（3）选用低氢型焊条。 　　（4）对铁锈、油污、水应及时清除

3.3.6　咬边

现象	焊缝咬边
主要原因	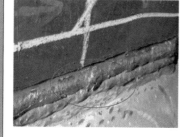咬边　　　　　操作方法不当，如焊接电流过大、电弧过长、运条方式和角度不当、坡口两侧停留时间过长或过短均有产生咬边的可能
防治措施	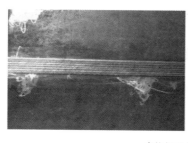合格焊缝外观　　　　　一级焊缝不允许有咬边，二级焊缝小于等于 $0.05t$，且小于等于 $0.5mm$，连续长度小于等于 $100mm$，且焊缝两侧咬边总长小于等于 10% 焊缝总长。三级焊缝小于等于 $0.1t$ 且小于等于 $1mm$，长度不限（摘自《钢结构焊接规范》GB 50661）。　　　　　编制合适的焊接作业指导书，选择合适的电流、电压、焊接速度

3.3.7　火焰校正不当

现象	火焰校正过烧
主要原因	 火焰校正过烧 （1）未执行工艺要求。 （2）未使用测温仪实时监控
防治措施	 正常的火焰校正 （1）加强作业人员对加热火候和温度控制的培训。 （2）准确使用测温仪实时监控。 （3）选用合适规格、型号的烤枪，正确使用火焰种类，校正温度不应超过 900℃，低合金钢加热后应自然冷却

3.3.8 栓钉焊质量问题

现象	焊缝余高离开中心，焊缝偏肉、栓钉弯曲断裂
主要原因	  焊缝不饱满或有气孔　　　　打弯检查断裂 （1）焊接参数不当，瓷环潮湿。 （2）焊缝表面的氧化物、油脂等影响缺陷未清除。 （3）焊接内部未熔透或栓钉本身材质较脆
防治措施	  焊脚均匀、饱满　　　　打弯检查后无裂纹、断裂 （1）焊前保证焊钉及母材施焊表面无氧化铁、油脂等缺陷，瓷环及焊钉施焊处 50mm 范围内不应受潮，瓷环按规范要求提前烘干。 （2）焊枪、焊钉轴线与工件表面垂直，焊枪提枪速度不宜过快。 （3）焊钉进场时应进行材料复试

3.3.9　机械矫正损伤严重

现象	构件机械矫正造成钢材表面损伤
主要原因	 钢材表面损伤严重 （1）矫正时单次进给量过大，造成钢材表面损伤。 （2）所矫正的构件重量或厚度超出设备矫正范围
防治措施	 正确的矫正方法 （1）过重或过厚的构件进行矫正时应采用多次矫正，一般要求往返几次矫正（每次矫正量1～2mm）。 （2）构件的规格应在矫正机的矫正范围之内，超出矫正设备参数范围的构件应采用火焰法进行矫正

3.3.10　未进行端铣或端铣量不均匀

现象	应进行端铣的构件未进行端铣，或端铣量不均匀
主要原因	　钢柱端头未端铣　　　　　　钢柱端头端铣不均匀 （1）端铣前，未对设备进行调试，端铣面与构件轴线未垂直。 （2）刀头松动，铣削速度过快不符合工艺要求
防治措施	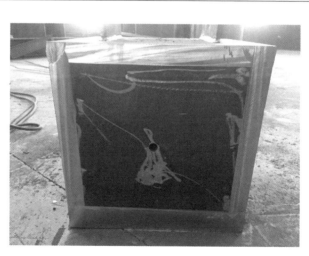　端铣面平齐且光滑 （1）端铣时，保证构件水平放置，找准基准面。 （2）选择适当的进刀量，端铣过程中不停观察调整

3.4　涂装

3.4.1　除锈前预处理不到位

现象	构件存在油污、飞溅等
主要 原因	  除锈前耦合剂未清除　　　　　除锈前油污未清除 残留的耦合剂、切削液和油污清理不彻底
防治 措施	  打磨焊瘤等缺陷　　　　　　油污用火枪清除 喷砂前表面要洁净、光亮，不允许油污、焊瘤、飞溅等。 （1）焊接后立即清理焊接飞溅、焊瘤和焊渣。 （2）探伤完成后，立即清理干净。 （3）不合格的构件不允许流转到下道工序

3.4.2 除锈不合格

现象	构件除锈质量不符合设计要求
主要原因	  H型钢死角除锈不合格　　　　圆管构件除锈不合格 （1）构件锈蚀不合格，死角位置未预处理。 （2）喷砂时构件运行速度过快，表面处理不达标
防治措施	  机械动力除锈　　　　　　　除锈等级比对 （1）死角位置提前预处理。 （2）锈蚀等级超标的材料禁止使用。 （3）对局部除锈未合格的部位使用动力工具除锈

3.4.3　油漆误涂

现象	油漆误涂
主要 原因	 油漆误涂 涂装交底不清，操作人员执行不到位，需保护部位未做保护
防治 措施	 非涂装部位保护 （1）涂装施工前对施工班组进行交底。 （2）在构件上非涂装部位预先标识，并进行保护

3.4.4 喷涂厚度不均匀

现象	油漆的漆膜厚度不均匀
主要 原因	 漆膜厚度测量 操作工操作技能不熟练，喷涂时走速、喷枪距离、角度等不当，导致油漆厚度不均匀
防治 措施	 油漆高压无气喷涂施工 （1）确保喷枪距离工件的距离为 30～50cm，喷枪走速均匀，每道油漆之间压枪 50%。 （2）先移动手臂后打开喷枪。 （3）当有条件时还可以呈网格状走枪，确保喷涂均匀

3.4.5　油漆针孔

现象	油漆针孔
主要原因	油漆针孔 （1）涂料搅拌时，混入了空气，搅拌后立即喷涂。 （2）高温天气，溶剂加量错误且挥发快或涂料中含有水分
防治措施	合格油漆外观 （1）构件表面除锈彻底，加强对除锈构件表面的清理工作。 （2）涂料搅拌后应搁置一定时间进行熟化，释放涂料内空气

3.4.6   油漆流坠

现象	油漆流坠
主要原因	油漆流坠 （1）喷枪与被喷涂物面距离太近。 （2）喷枪移动速度太慢，一次喷涂过厚。 （3）油漆黏度偏低。 （4）施工的环境温度低，油漆干燥时间慢
防治措施	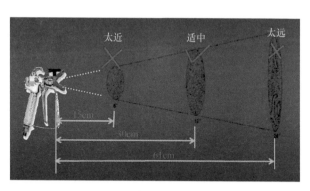油漆正确操作 （1）油漆喷涂时喷枪距构件 30～50cm。 （2）匀速移动喷枪，平直运动。 （3）油漆原材做好复验，不合格产品严禁使用。 （4）油漆施工环境符合油漆说明书要求

3.4.7　油漆橘皮

现象	油漆橘皮
主要原因	 油漆橘皮 (1) 油漆本身黏度过高或缺乏"流动性"。 (2) 环境温度过高，不满足施工条件。 (3) 空气压力过大，喷涂距离过近
防治措施	 正常油漆外观 (1) 添加适量溶剂降低油漆黏度。 (2) 环境条件满足施工要求时方可喷涂。 (3) 调整好喷涂距离，空气压力及雾化效果适宜

第4章 钢构件运输、堆放与保管

4.0.1 超重构件未设置临时吊耳

现象	超重构件无临时吊耳
主要原因	 超重构件无吊耳 未设置吊耳
防治措施	加装吊耳 根据构件的重量及吊装需求，明确吊耳的位置

4.0.2 构件吊运时未对接触位置进行保护

现象	吊运和翻身导致母材损伤
主要原因	 母材边缘损伤 无专用、高效的防护措施，用错钢丝绳或吊装带
防治措施	 包角处理 （1）构件吊运或翻转时应在相应位置加上保护铁。 （2）使用卡钳时，构件和卡钳之间衬垫柔性材料

4.0.3 打包架失稳变形

现象	打包架失稳变形
主要原因	  打包架严重失稳变形 （1）对打包人员交底不到位，打包重量超出设计重量。 （2）运输过程堆垛不合理，造成胎架变形或散包
防治措施	  合格的打包架 （1）对打包操作人员交底到位，按胎架设计重量进行打包。 （2）注意已打包构件的堆放，避免挤压变形

4.0.4　包装不当

现象	直发件直接用木托盘发运
主要原因	 用木托盘打包小件 未制定专用的打包方案
防治措施	 用木箱打包散件 　（1）对于数量较多，易混淆而不易进行统一清点的小零件装箱发运。 　（2）标准件，如螺栓、栓钉、焊丝等宜装箱发运。 　（3）一般包装重量在 2t 以下

4.0.5 成品运输保护不到位

现象	钢丝绳与构件直接接触
主 要 原 因	 钢丝绳与构件之间直接接触 （1）对运输司机交底不到位。 （2）缺少防护措施
防 治 措 施	 钢绳与构件之间垫放柔性材料 （1）装车时车底需垫枕木，各相邻构件也必须用枕木隔开。 （2）同时固定的绳索不得直接接触构件，宜用软胶垫等隔开

4.0.6　支撑点选择不当

现象	支撑点选择错误，导致构件牛腿腹板严重变形
主要原因	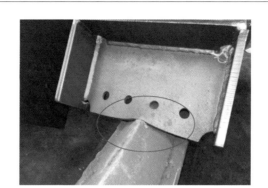 支撑不正确导致腹板变形 （1）未仔细观察构件结构，未合理选择支撑点。 （2）构件重心位置标识不清
防治措施	 合理设计和选择支撑点 （1）出厂前构件需标识重心位置。 （2）避免牛腿和连接板作为支撑点，必要时需增设枕木，增大接触点受力面积

4.0.7 油漆面破损

现象	吊装作业时，吊钩直接接触油漆面
主要原因	 吊钩破坏油漆面 （1）装车方案不严谨，未考虑到吊具与构件之间的油漆磨损。 （2）吊装方式不当
防治措施	 在吊点位置包裹柔性材料 成品构件装车时，严禁吊具直接与构件接触。 （1）增设吊装保护油漆措施。 （2）设置吊耳。 （3）宜采用吊带吊装

第5章 劲性钢结构安装工程

5.0.1 劲性钢梁下翼缘板与钢筋间隙过小

现象	劲性钢梁下翼缘板与钢筋间隙过小
主要原因	 钢梁下翼缘板与钢筋间隙过小 （1）劲性钢梁安装存在偏差，钢筋按图纸绑扎后出现间隙过小现象。 （2）钢筋绑扎位置偏差，或为便于施工钢筋直接自钢梁下端生根绑扎
防治措施	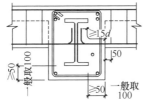 正确做法 （1）提高钢梁安装精度及钢筋绑扎精度。 （2）规范要求：型钢梁下翼缘距混凝土边界距离不小于50mm（一般取100mm）

5.0.2 与劲性钢构件连接的钢筋随意切割

现象	随意切割与劲性钢构件连接的钢筋
主要原因	 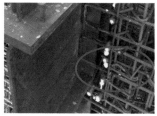\n\n钢筋随意切割　　　　　　　　钢筋随意切割\n\n（1）钢构件安装存在偏差，或钢筋绑扎存在偏差，导致钢筋无法直接连接于搭接板或钢筋连接器上。\n\n（2）未对施工作业人员进行有效技术交底与施工监督，导致现场钢筋被随意切割
防治措施	 \n\n*规范的搭接方式*　　　　　　　　*规范的搭接方式*\n\n（1）加强钢构件的安装精度、加强钢筋搭接板、钢筋连接器的定位精度。\n\n（2）加强钢筋绑扎精度。\n\n（3）对施工作业人员做好技术交底并监督，现场钢筋无法顺利连接时应采取妥善方法进行处理，严禁直接割除。\n\n（4）规范要求：钢筋严禁随意切割

5.0.3 劲性构件上的过筋孔采用火焰扩孔

现象	钢筋在无法顺利穿入劲性构件的过筋孔时采用火焰扩孔
主要原因	  　　过筋孔采用火焰扩孔　　　　　　过筋孔采用火焰扩孔 （1）钢构件安装存在偏差，或局部定位偏差。 （2）钢筋绑扎存在偏差。 （3）未对施工作业人员进行有效技术交底与施工监督，导致现场无法顺利穿入时直接采用了气割扩孔
防治措施	  　　主筋顺利穿过过筋孔　　　　构件及预留过筋孔精度高 （1）加强钢构件的安装精度、加强过筋孔及相关零件的定位精度。 （2）加强钢筋绑扎精度。 （3）对施工作业人员做好技术交底并监督，现场钢筋无法顺利连接时应采取妥善方法进行处理，可采用铰刀按规范要求扩孔，严禁直接采用气割扩孔

5.0.4 钢筋与构件上的钢筋连接器连接不规范

现象	钢筋与构件上的钢筋连接器连接不规范
主要原因	  连接器内未拧紧　　　　　　　　连接器错位 （1）深化设计时钢筋连接器位置未按设计图或图集进行设计，或未与钢筋施工图纸进行复核。 （2）钢构件现场安装精度偏差，造成钢筋连接器错位。 （3）现场钢筋绑扎精度偏差，造成不能与钢筋连接器顺利连接。 （4）现场作业不规范，为方便施工未将钢筋在钢筋连接器内拧紧
防治措施	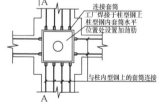  梁主筋与柱型钢套筒连接　　　　　钢筋与套筒连接 （1）加强深化管控，及时与钢筋施工图纸复核，必要时由相关单位确认。 （2）提高钢构件安装精度，钢筋施工前需进行复测。提供钢筋安装精度。 （3）加强现场技术交底，做好施工监督

5.0.5　钢筋搭接板宽度不足、相互间隙过小

现象	钢筋搭接板宽度不足，钢筋无法全部焊接在连接板上，钢筋搭接板纵向间距过小，非阶梯状设计，造成下排钢筋无法焊接
主要 原因	  钢筋搭接板纵向间距过小　　　　　钢筋搭接板宽度不足 （1）深化过程中钢筋搭接板深化有误，未与钢筋图纸进行复核。 （2）上下层钢筋搭接板深化设计时未考虑现场的可实施性
防治 措施	  正确钢筋搭接焊设置　　　　　　　正确钢筋搭接焊设置 （1）加强深化管理及图纸审核，及时与钢筋图纸进行复核。 （2）多层钢筋搭接时，应充分考虑现场的可实施性，可采用阶梯状设计，或其他形式适当减少钢筋搭接板密度

5.0.6 钢筋搭接板标高、角度超差

现象	钢筋搭接板标高、角度偏差尺寸超过规范要求
主要原因	  钢筋搭接板标高超差　　　　　钢筋搭接板角度超差 （1）对钢筋搭接板角度、标高的深化设计有误，未与钢筋图纸进行复核。 （2）构件安装偏差，或钢筋搭接板定位偏差。 （3）钢筋绑扎、搭接偏差
防治措施	  正确钢筋搭接焊设置　　　　　正确钢筋搭接焊设置 （1）加强深化管理及图纸审核，及时与钢筋图纸进行复核。 （2）加强构件出厂检验及进场验收，保证构件加工精度。 （3）提高构件安装精度，加强现场测校管理。 （4）提高钢筋绑扎、搭接精度

5.0.7　劲性钢柱误涂油漆且未设置栓钉

现象	劲性钢柱误涂刷油漆，未焊接栓钉
主要原因	<div style="text-align:center">劲性钢柱误涂油漆且无栓钉</div>（1）深化设计有误，将外包混凝土劲性钢柱按外露钢柱进行了深化设计。 （2）加工制作未按图纸进行
防治措施	 劲性钢骨柱布置栓钉且无油漆　　　　劲性钢骨柱布置栓钉且无油漆 （1）加强深化管控，按图纸及相关标准进行深化设计。 （2）加强制作厂工艺交底

5.0.8 劲性钢柱上栓钉过长

现象	劲性钢柱上栓钉过长,导致混凝土柱无法合模,或浇筑后栓钉超出混凝土面
主要 原因	  外包劲性钢柱栓钉过长　　　　　　外包劲性钢柱栓钉过长 (1) 深化设计有误,深化完成后未与外包混凝土图纸进行校核。 (2) 加工制作时误焊接了长尺寸栓钉。 (3) 出厂检验与进场验收把关不严
防治 措施	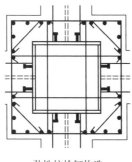  劲性柱栓钉构造　　　　　　　栓钉合理尺寸 (1) 加强深化管控,深化完成后及时与外包混凝土图纸进行校核。 (2) 加强制作厂工艺交底。 (3) 加强构件出厂检验与进场验收

第6章　单层钢结构安装工程

6.1　进场构件验收

6.1.1　进场构件变形、损伤或污染

现象	构件变形、损伤或污染
主要原因	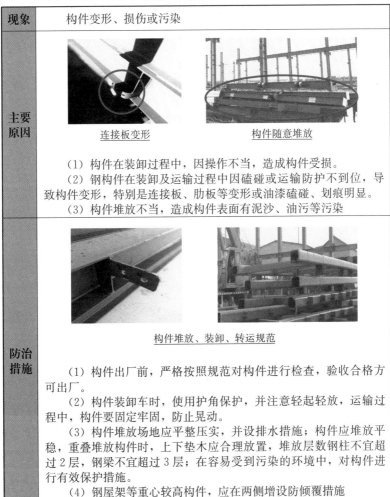 连接板变形　　　　　　构件随意堆放 （1）构件在装卸过程中，因操作不当，造成构件受损。 （2）钢构件在装卸及运输过程中因磕碰或运输防护不到位，导致构件变形，特别是连接板、肋板等变形或油漆磕碰、划痕明显。 （3）构件堆放不当，造成构件表面有泥沙、油污等污染
防治措施	构件堆放、装卸、转运规范 （1）构件出厂前，严格按照规范对构件进行检查，验收合格方可出厂。 （2）构件装卸车时，使用护角保护，并注意轻起轻放，运输过程中，构件要固定牢固，防止晃动。 （3）构件堆放场地应平整压实，并设排水措施；构件应堆放平稳，重叠堆放构件时，上下垫木应合理放置，堆放层数钢柱不宜超过2层，钢梁不宜超过3层；在容易受到污染的环境中，对构件进行有效保护措施。 （4）钢屋架等重心较高构件，应在两侧增设防倾覆措施

6.2　地脚螺栓施工

6.2.1　地脚螺栓偏位

现象	地脚螺栓偏位
主要原因	 地脚螺栓偏位 （1）施工测量放线不准，造成地脚螺栓定位偏差大。 （2）地脚螺栓临时固定不牢固。 （3）浇筑混凝土过程中，因不当操作导致造成地脚螺栓偏位
防治措施	 规范做法 （1）校核测量放线结果；严格控制地脚螺栓定位尺寸。 （2）采用固定架等可靠固定措施，并保证临时加固或固定牢固。 （3）混凝土浇筑过程派专人跟踪并及时矫正地脚螺栓

6.2.2　地脚螺栓埋设标高不正确

现象	地脚螺栓外露丝扣螺纹过长或过短
主要原因	 地脚螺栓外露过长（或过短） （1）测量放线不准确，造成标高控制点偏差大。 （2）地脚螺栓临时固定不牢固。 （3）地脚螺栓安装时控制不严，造成标高偏差大。 （4）在浇筑混凝土过程中，因不当操作导致地脚螺栓标高方式变化
防治措施	 规范做法 （1）校核测量放线结果；严格控制地脚螺栓埋设标高。 （2）对地脚螺栓进行牢固固定。 （3）及时检查验收地脚螺栓安装。 （4）在浇筑混凝土时及时复核及矫正地脚螺栓标高

排气孔

6.2.3 地脚螺栓未使用双螺母（当设计有要求使用）

现象	地脚螺栓未使用双螺母（当设计有要求使用）
主要原因	 使用单螺母 （1）技术交底不清楚或没有针对性。 （2）施工过程中检查控制不严格
防治措施	 使用双螺母 （1）按照设计图纸进行有针对性的交底，要求交底到具体施工人员。 （2）施工过程中严格按照图纸进行检查验收

6.3　钢柱安装精度超差

6.3.1　钢柱垂直度超差

现象	钢柱垂直度超差
主要原因	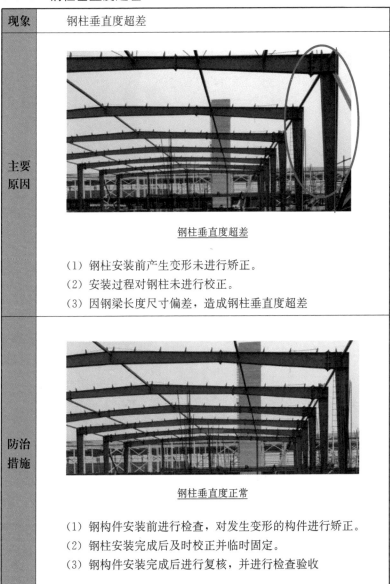 钢柱垂直度超差 （1）钢柱安装前产生变形未进行矫正。 （2）安装过程对钢柱未进行校正。 （3）因钢梁长度尺寸偏差，造成钢柱垂直度超差
防治措施	钢柱垂直度正常 （1）钢构件安装前进行检查，对发生变形的构件进行矫正。 （2）钢柱安装完成后及时校正并临时固定。 （3）钢构件安装完成后进行复核，并进行检查验收

6.3.2 杯口基础对应的钢柱柱底固定不牢固

现象	杯口基础对应的钢柱柱底固定不牢固
主要原因	 杯口基础钢柱采用钢筋固定 钢柱安装时未使用钢楔或其他可靠的临时固定方式
防治措施	 杯口基础钢柱采用钢楔固定 杯口基础安装钢柱时，采用钢楔或其他可靠的临时固定方式

6.4　钢梁安装超差

6.4.1　钢梁端部连接节点安装超差

现象	钢梁端部连接节点安装超差
主要原因	 梁端头节点安装超差（有间隙） （1）钢梁端板加工偏差大或焊接变形未矫正。 （2）高强度螺栓未拧紧
防治措施	 梁端头节点 （1）加强梁端板组装及焊接变形控制，保证加工质量。 （2）高强度螺栓按照规范进行初拧、终拧

6.5　支撑安装节点存在偏差大

6.5.1　支撑安装螺栓漏装或孔位偏差大

现象	支撑螺栓漏装或孔位偏差大
主要 原因	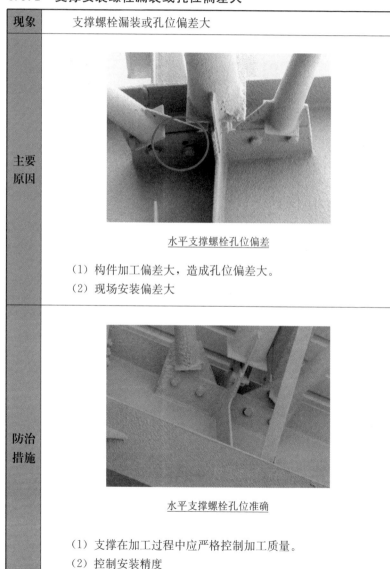 水平支撑螺栓孔位偏差 （1）构件加工偏差大，造成孔位偏差大。 （2）现场安装偏差大
防治 措施	水平支撑螺栓孔位准确 （1）支撑在加工过程中应严格控制加工质量。 （2）控制安装精度

6.5.2　支撑节点不合理、焊缝不饱满

现象	支撑未设置端板、焊缝不饱满
主要原因	 支撑未设置端板、焊缝不饱满 （1）施工人员未按照图纸施工。 （2）施工过程中检查控制不严格。 （3）端板未设置
防治措施	 垂直支撑正常焊接 （1）加强施工人员培训，提高施工人员质量意识。 （2）施工过程中严格进行检查

6.5.3　支撑连接板角度偏差大

现象	支撑连接板角度偏差大
主要原因	 支撑连接板角度偏差大 （1）构件加工偏差大。 （2）连接板在装卸或运输过程中磕碰变形
防治措施	 支撑连接板角度正确 （1）支撑在加工过程中应严格控制加工质量。 （2）构件安装前检查，发现磕碰变形及时矫正

6.6　系杆、檩条安装偏差

6.6.1　系杆安装超差

现象	系杆安装偏差大
主要原因	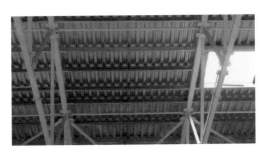 水平系杆弯曲变形 （1）构件加工偏差大，长度超差。 （2）现场用错杆件。 （3）构件变形或安装磕碰发生变形
防治措施	 拉杆安装 （1）加强构件进场检查，对尺寸超差的构件及时处理。 （2）认真核对杆件编号，避免使用错误。 （3）加强构件的成品保护

6.6.2　檩条安装节点不规范

现象	檩条安装时漏装螺栓
主要 原因	 檩条安装时漏装螺栓 （1）施工人员质量意识薄弱。 （2）施工过程中检查控制不严格
防治 措施	 檩条螺栓安装 （1）加强施工人员培训，提高施工人员质量意识。 （2）施工过程中严格进行检查

6.7　构件安装未考虑整体结构稳定性

6.7.1　构件安装时不及时校正、固定或未及时形成稳定单元

现象	构件安装时不及时校正、固定或未及时形成稳定单元
主要原因	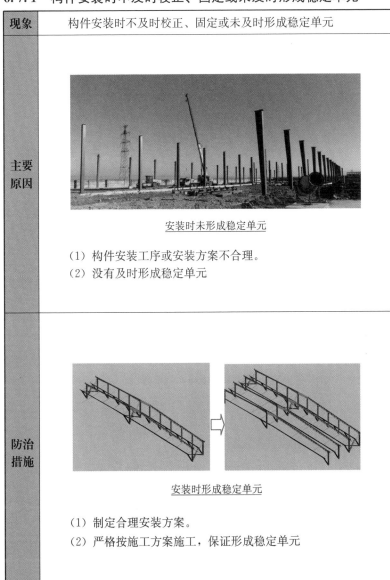 安装时未形成稳定单元 （1）构件安装工序或安装方案不合理。 （2）没有及时形成稳定单元
防治措施	安装时形成稳定单元 （1）制定合理安装方案。 （2）严格按施工方案施工，保证形成稳定单元

第7章 多、高层钢结构安装工程

7.1 钢柱、钢梁安装质量控制

7.1.1 构件现场堆放不规范

现象	构件现场堆放不规范，构件变形、锈蚀
主要原因	 构件堆放过高　　　　　构件堆放杂乱 （1）堆放场地未进行有效处理，构件堆放下方未加设垫木进行保护与防潮。 （2）构件堆放随意，或堆放过高，未设置有效防护措施
防治措施	 场地良好并放置垫木　　　堆放整齐、高度合理 （1）构件堆放场地应平整坚实，保持干燥、排水通畅。 （2）最下层构件底部、每层构件之间应放置垫木或垫块，垫木要有足够的支承面。 （3）构件在平面、立面上应码放整齐，留有足够的空间，且进行有效保护，避免出现相互碰撞变形及锈蚀。 （4）构件堆放不应超过3层且不应超过1.5m

7.1.2 进场构件尺寸超差

现象	进场构件尺寸偏差超出规范相应要求
主要原因	  箱形构件对角线超差　　　　　H形构件翼缘板变形 构件加工尺寸超差
防治措施	  截面高度满足规范要求　　　　构件尺寸满足规范要求 （1）严控构件制造尺寸，钢构件出厂前及进场安装前应对主要安装尺寸进行复测。 （2）加强构件进场验收，不合格构件及时返厂。 （3）规范要求：截面高度偏差不大于±2.0mm；宽度偏差不大于±2.0mm；垂直度偏差不大于$b/200$，且不应大于3.0mm

7.1.3　构件局部变形

现象	构件局部变形严重
主要 原因	  圆管构件本体局部变形　　　　H 形构件翼板局部变形 （1）焊接或碰撞造成构件变形，对变形构件未作有效处理。 （2）应加设内支撑的构件内未加设支撑，吊装与运输过程中引发变形。 （3）运输保护不当或现场堆放支承不当、绑扎方法不当，引起构件局部变形
防治 措施	  构件按要求设置内支撑　　　　构件妥善堆放保存 （1）构件内应按设计要求设置内支撑，对大型空腹构件应提前预估其在吊装、运输中的变形风险，增设内支撑。 （2）应编制有针对性的构件运输、吊装、堆放方案，严格按方案执行，避免因运输不当、吊装不当、存放不当引发的构件变形。 （3）已发生焊接变形或碰撞变形的构件应及时矫正，或返厂处理

7.1.4　现场构件随意切割

现象	构件现场安装时随意进行切割
主要原因	 随意切割部分母材　　　　钢柱随意切割坡口 （1）安装顺序不当，造成后续构件不能正常安装，采用了切割构件的方式。 （2）构件安装存在偏差，未按正常程序进行偏差调整，直接切割构件。 （3）构件本身尺寸有误，现场验收松懈，安装时采用切割方式
防治措施	 加强进场验收　　　　构件现场妥善存放 （1）安装前制定合理的安装顺序，并严格遵照执行。 （2）提高现场安装精度，减少累计误差。 （3）加强构件进场验收，保证进场构件尺寸的准确，妥善存放。 （4）规范要求：构件严禁随意切割

7.1.5　临时连接板切割及后续打磨不规范

现象	切割临时连接板时损伤母材，切割后打磨不符合要求
主要原因	 切割临时连接板损伤母材　　　　　切割后打磨不规范 （1）切割临时措施时，预留高度太小，火焰损伤母材。 （2）切割时遇大风，使切割火焰偏离损伤母材。 （3）切割完成后未按要求进行打磨平整
防治措施	 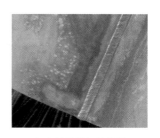临时措施切割合理　　　　　　打磨效果较好的构件 　　（1）切割临时措施时，应在距离构件表面3～5mm处切割。过近易损伤母材，过远增加打磨工作量。 　　（2）避免在大风天气进行切割作业。 　　（3）规范要求：可采用气割或碳弧气刨方式在离母材3～5mm位置切除，对残留的焊疤应打磨平整，且不得损伤母材

7.1.6　构件测量基准点选择不合理

现象	构件安装前，构件引测基准点选择不合理
主要原因	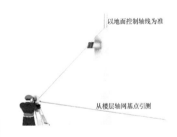 构件引测基准点选择不合理 （1）为测量方便，直接选择了下节构件作为引测基准点向上引测。 （2）测量基准点未能及时向上传递，或基准点向上引测较为困难
防治措施	 以地面控制轴线为准　　从楼层轴网基点引测 构件正确引测基准点选择　　　正确的测量方法 （1）多层及高层钢结构每节柱的定位轴线，宜用铅直仪等测量仪器从地面控制轴线直接引上，利用传递上来的控制点，通过全站仪或经纬仪进行平面控制网放线，把轴线（坐标）放到柱顶上。 （2）复核测量中发现定位轴线的控制网或基础标高存在超规范规定允许偏差时，应及时与相关单位商议，办理交接签证手续。 （3）规范要求：安装钢柱时，每节柱的定位轴线应从地面控制轴线直接引上，不得从下层柱的轴线引上

7.1.7　构件吊耳设置不合理

现象	构件上设置的吊耳尺寸过大或者过小
主要原因	 吊耳设计尺寸过小　　　　　吊耳设计尺寸过大 （1）吊耳未进行专项设计，尺寸及位置设置不合理。 （2）吊耳随意焊接，造成浪费或安装困难
防治措施	 合理的吊耳设计尺寸及布置 　（1）钢梁重量大于等于4t宜采用吊耳进行吊装，对于较重构件宜采用熔透焊缝。 　（2）吊耳厚度不宜小于10mm，根据构件重量确定卸扣极限工作荷载，吊耳孔大小不应小于卸扣的销轴直径。 　（3）规范要求：应对临时连接措施进行专项设计

7.1.8　构件吊点设置不合理

现象	构件吊装时钢丝绳夹角不合理
主要原因	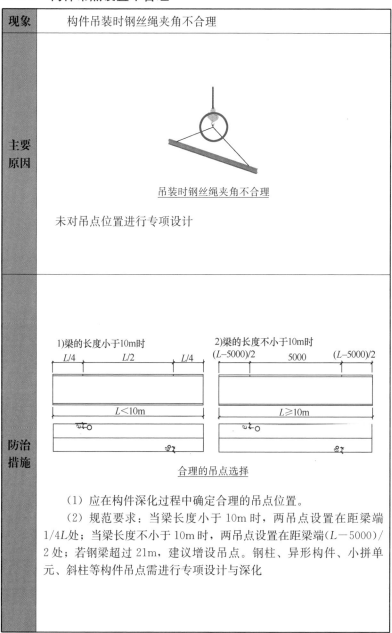 **吊装时钢丝绳夹角不合理** 未对吊点位置进行专项设计
防治措施	合理的吊点选择 （1）应在构件深化过程中确定合理的吊点位置。 （2）规范要求：当梁长度小于 10m 时，两吊点设置在距梁端 1/4L 处；当梁长度不小于 10m 时，两吊点设置在距梁端 $(L-5000)/2$ 处；若钢梁超过 21m，建议增设吊点。钢柱、异形构件、小拼单元、斜柱等构件吊点需进行专项设计与深化

图中文字：
1)梁的长度小于10m时
$L/4$　$L/2$　$L/4$
$L<10m$

2)梁的长度不小于10m时
$(L-5000)/2$　5000　$(L-5000)/2$
$L\geq10m$

7.1.9　采用捆绑吊装时损伤构件

现象	构件采用捆绑吊装时，未对接触位置进行保护，损伤母材
主要 原因	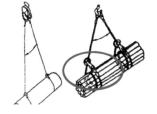  　　捆绑吊装未做保护　　　　　　　捆绑吊装未做保护 　　（1）由于构件本身特点必须采用捆绑吊装的，钢丝绳直接与构件接触。 　　（2）应使用软吊带吊装而未使用，且吊装位置未进行有效保护
防治 措施	 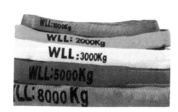 　　捆绑吊装示意　　　　　　　　　　吊带示意 　　（1）捆绑吊装尽量采用符合要求的软吊带吊装，绑扎牢固，并在接触面上做有效保护。 　　（2）规范要求：使用钢丝绳直接捆绑构件吊装需使用垫铁垫于钢丝绳与构件之间以保护构件

7.1.10　空腹钢柱安装过程中柱顶未遮盖、过焊孔未封堵

现象	空腹钢柱内有内灌雨水，遇冬期结冰导致柱体变形或胀裂
主要原因	 柱身存水冻裂　　　　　　　柱顶过焊孔未封堵 （1）钢柱在安装过程中柱顶未及时遮盖，导致雨水由柱顶敞口流入。 （2）安装过程中过焊孔未及时封堵，导致雨水由过焊孔流入。 （3）钢柱封闭前及冬季前未做排水检查
防治措施	 安装过程中柱顶加盖封板　　　柱底进行排水 （1）安装过程中柱顶及时加盖板，以防止雨水、杂物掉入柱内。 （2）钢柱封闭前及冬期前做排水检查，若发现柱底有积水及时进行排水。 （3）规范要求：钢柱安装完毕后，顶部必须加盖板，以防止雨水、杂物掉入柱内

7.1.11　钢柱垂直度超差

现象	单层、多层或高层钢柱安装尺寸偏差（垂直度）超过规范规定的允许偏差
主要原因	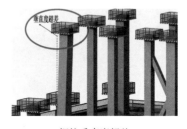 钢柱垂直度超差　　　　　　钢柱垂直度超差 （1）构件制造尺寸偏差，出厂检验及进场验收把关不严，问题构件流入安装。 （2）临时连接措施未有效对钢柱进行固定，焊接过程中发生位移。 （3）焊接顺序选择不当，焊接过程中未对钢柱位置进行实时监测，焊接完成后发生变形或位移。 （4）钢柱高度较高，且没有框架钢梁连接形成整体（常见于核心筒钢柱），安装过程中易发生变形
防治措施	 钢柱垂直度符合规范要求　　　钢柱加设牢固的临时措施 （1）加强构件出厂检验与进场验收，现场妥善存放。 （2）采取可靠的防变形措施对钢柱进行临时固定，焊接过程中应采取合理的焊接顺序，实时监测钢柱位移，避免因焊接应力导致钢柱垂直度偏差。 （3）对于高度较高，且无框架钢梁连接的钢柱，应架设临时拉梁，使钢柱群形成整体，提高抗扰动能力。 （4）规范要求：单节钢柱垂直度允许偏差 $h/1000$，且不应大于 10.0mm

7.1.12 钢梁水平度超差

现象	钢梁两端顶面高低差超规范要求
主要原因	  钢梁水平度超差　　　　　　　钢梁水平度超差 （1）钢梁构件本身水平度不达标。 （2）钢梁与钢柱连接两端定位偏差。 （3）钢梁两端与牛腿连接的，牛腿位置偏差，或因钢柱安装的累计误差，造成牛腿位置偏移
防治措施	  水平度合格　　　　　　　　　水平度合格 （1）加强钢梁与钢柱（牛腿）的出厂检验与进场验收，进行妥善保存。 （2）安装前对牛腿或与钢柱连接点位置进行复测，及时调整已有偏差。 （3）选择合理的安装与焊接顺序，避免过程中带来钢梁的位移。 （4）规范要求：同一根梁两端高差小于 1/1000 且不应大于 10.0mm

7.1.13 钢柱对接连接错边超差

现象	上下节钢柱对接连接时错边偏差尺寸超过规范要求
主要原因	 钢柱对接连接错边超差　　　　钢柱对接连接错边超差 （1）构件本身尺寸有误，未进行严格出厂检验和进场验收。 （2）安装顺序不合理，安装精度控制不到位，发生错口后未及时校正。 （3）未对扭转、错口、错边、焊缝间隙等进行全面结合考虑
防治措施	 实腹型钢柱对接接口　　　　　圆管柱对接接口 （1）钢柱应严格控制加工质量，并严把出厂检验、进场验收关。 （2）选择合理的安装顺序，及时校正，控制安装精度。 （3）柱校正应考虑柱体四周对接质量情况，在规范允许的误差范围内将正偏差与负偏差进行结合。 （4）规范要求：上下柱连接处的错口偏差不大于 3mm

7.1.14 钢梁对接连接错位超差

现象	钢梁对接连接时错位偏差尺寸超过规范要求
主要原因	  钢梁与牛腿对接连接错位超差　　　　钢梁对接连接错位超差 （1）钢梁安装前测量定位出现偏差。 （2）选择的安装顺序不当，构件进行强行安装，发生错口。 （3）焊接、栓接顺序不合理，过程中发生了位移，未进行调整
防治措施	  对接合格　　　　　　　　　对接合格 （1）提高测量、定位精度，随时关注累计误差并及时调整。 （2）选择合理的安装顺序，禁止强行安装，安装完成后及时进行临时固定。 （3）选择合理的焊接、栓接顺序，过程中实时监测位移，发生偏差及时调整。 （4）规范要求：偏差不大于 $t/10$，且不应大于 3.0mm

7.1.15　主次钢梁连接错位超差

现象	主次钢梁连接时错位偏差尺寸超过规范要求
主要原因	 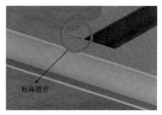 　　主次梁连接错位超差　　　　　　主次梁连接错位超差 　　（1）钢梁安装前测量定位有误。 　　（2）构件本体尺寸存在偏差，出厂检验与进场验收把关不严。 　　（3）钢梁就位后未进行有效固定，焊接、栓接顺序选择不合理，过程中发生位置偏移未及时调整
防治措施	  　　　　主次梁连接节点　　　　　　　主次梁连接节点 　　（1）提高测量定位精度，随时关注累计误差并及时调整。 　　（2）安装完成后及时进行临时固定，选择合理的焊接、栓接顺序，过程中实时监测位移，发生偏差及时调整。 　　（3）规范要求：主梁与次梁表面高差不大于±2.0mm

7.1.16　钢柱、钢梁连接错位超差

现象	钢柱与钢梁连接时错位偏差尺寸超过规范要求
主要原因	钢梁与柱牛腿连接间隙过大　　　钢梁与钢柱直接连接间隙过大 （1）钢柱安装存在偏差、柱牛腿由于安装偏差或累计误差较大造成位置偏差。 （2）钢梁就位后未进行有效固定，焊接、栓接顺序选择不合理，过程中未及时调整偏差
防治措施	钢梁与柱牛腿连接　　　　　　钢梁与柱连接 （1）控制钢柱安装精度，钢柱校正完成后再进行钢梁校正和焊接。 （2）钢梁安装完成后及时进行临时固定，选择合理的焊接、栓接顺序，过程中实时监测位移，发生偏差及时调整。 （3）规范要求：现场焊缝无垫板时，间隙允许偏差 0～+3.0mm；现场焊缝有垫板时，间隙允许偏差-2.0～+3.0mm

7.1.17 钢梁与核心筒柱牛腿连接错位超差

现象	钢梁与核心筒柱牛腿连接时，错位偏差尺寸超过规范要求
主要原因	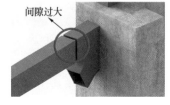  钢梁与牛腿连接间隙过大　　钢梁与牛腿连接角度偏差 （1）核心筒钢柱安装垂直度偏差，或在外包混凝土浇筑过程中钢柱出现偏移。 （2）外框结构安装存在偏差，造成钢梁两端无法顺利连接。 （3）核心筒与外框采用了不同的测量基准点，造成定位不匹配
防治措施	  钢梁与牛腿连接　　　　　　钢梁与牛腿连接 （1）加强核心筒柱安装质量控制，提前考虑混凝土浇筑对柱精度带来的影响。 （2）核心筒与外框采用统一基准点测量，并考虑核心筒、外框不均匀沉降带来的累计误差，及时调整误差，确保钢梁的顺利安装。 （3）规范要求：①现场焊缝无垫板时，间隙允许偏差 $0 \sim$ $+3.0$mm；②现场焊缝有垫板时，间隙允许偏差 $-2.0 \sim +3.0$mm

7.1.18 钢梁与核心筒埋件连接超差

现象	钢梁与核心筒埋件连接时，出现安装间隙过大，或位置偏移
主要原因	  钢梁与埋件连接间隙过大　　　钢梁不能完全安装在埋板上 （1）埋件大小设计有误。 （2）埋件定位错误，或在混凝土浇筑过程中发生了偏移。 （3）外框结构安装存在偏差，造成钢梁与埋件无法顺利连接
防治措施	  钢梁与埋件连接　　　　　　　钢梁与埋件连接 （1）埋件大小应符合要求，必要时可适当扩大。 （2）埋件应与核心筒钢筋进行可靠连接，在混凝土浇筑过程中实时监测。 （3）规范要求：①现场焊缝无垫板时，间隙允许偏差0～＋3.0mm；②现场焊缝有垫板时，间隙允许偏差－2.0～＋3.0mm

7.1.19 柱间斜撑、剪力撑连接错位超差

现象	柱间斜撑、剪力撑连接时错口偏差尺寸超过规范要求
主要原因	  　　斜撑连接间隙过大　　　　　斜撑连接错口超差 （1）连接斜撑梁端的构件安装精度不达标，斜撑与两端对接困难。 （2）斜撑安装顺序不合理，斜撑安装、就位困难。 （3）斜撑的临时连接和永久连接时间未考虑整体沉降等因素，累积变形未充分释放
防治措施	  　　斜撑对接符合要求　　　　　斜撑对接符合要求 （1）应选择合理的斜撑安装顺序，严控构件本身质量和与斜撑连接构件的安装精度，保证斜撑可顺利就位。 （2）应考虑结构整体的累积变形情况，合理规划斜撑临时连接、永久连接时间，使形变充分释放。 （3）规范要求：错口偏差不大于 3mm

7.1.20　阻尼器安装间距超差

现象	阻尼器安装间距超差
主要原因	 阻尼器间距过大 （1）钢柱牛腿制作精度有误，出厂检验与进场验收把关不严。 （2）现场安装精度控制不足，造成间隙不达标
防治措施	 阻尼安装 阻尼安装示意 （1）加强构件加工质量控制，严把构件出厂检验与进场验收。 （2）钢柱安装后应及时进行垂直度、标高和轴线位置校正，钢柱的垂直度可采用经纬仪或线锤测量；校正合格后钢柱应可靠固定

7.1.21 超高层主体结构整体垂直度偏差超标

现象	超高层整体垂直度超设计、规范要求
主要原因	竖向构件轴向应力差异；混凝土的徐变以及收缩；高层结构构件的内外温度差异；不同构件的施工时间差异等
防治措施	 加固措施　　　　　　　整体模拟

（1）核心筒超前施工可减小竖向变形差异，实际可考虑核心筒超前外框架 4～8 层。

（2）采用合理的结构布置和施工措施也可以有效减小竖向变形以及变形差异

7.1.22 超高层施工阶段未考虑竖向累积偏差

现象	超高层施工阶段未考虑竖向累积偏差
主要原因	由于超高层内外筒不均匀沉降，或钢构件加工误差，以及组合结构竖向构件的徐变和收缩变形、温度引起的热胀冷缩，会对整体精度带来影响，需提前对钢结构进行适当调整
防治措施	 GPS 观测点布置　　　　典型数据点云图 （1）详图设计阶段提前考虑。 （2）加强过程测量与监测。 （3）考虑部分位置后连接，如桁架层

7.2　钢板剪力墙安装质量控制

7.2.1　构件现场堆放不规范

现象	构件现场堆放不规范，构件变形、锈蚀
主要原因	 构件堆放杂乱　　　与其他构件混放 　（1）堆放场地未进行有效处理，构件堆放下方未加设垫木进行保护与防潮。 　（2）构件堆放随意，或堆放过高，未设置有效防护措施
防治措施	 现场构件堆放放置枕木　　　现场构件堆放放置枕木 　（1）构件堆放场地应平整坚实，保持干燥、排水通畅。 　（2）最下层构件底部、每层构件之间应放置垫木或垫块，垫木要有足够的支承面。 　（3）构件在平面、立面上应码放整齐，留有足够的空间，且进行有效保护，避免出现相互碰撞变形及锈蚀。 　（4）构件堆放不应超过3层且不应超过1.5m

7.2.2　进场构件尺寸超差

现象	进场构件尺寸偏差超出规范相应要求
主要原因	  　　钢板墙翼缘板波浪弯　　　　　　　钢板墙尺寸超差 （1）制作的一些尺寸偏差流入安装，并无预先处理措施。 （2）构件出厂检验或构件进场验收把关不严。 （3）运输过程中保护不当或现场存放不当导致构件变形，未做相应处理
防治措施	  　　钢板墙尺寸符合要求　　　　　　钢板墙尺寸符合要求 （1）严控构件制造精度，加强出厂检验与构件进场验收。 （2）钢板墙属大型易变形构件，需在运输过程中考虑防变形措施，现场应妥善堆放、保护。 （3）规范要求：截面高度偏差不大于±2.0mm；宽度偏差不大于±2.0mm；垂直度偏差不大于$b/200$，且不应大于3.0mm

7.2.3　进场构件发生变形

现象	构件进场后发生变形

主要原因	 钢板剪力墙弯曲变形　　　　钢板剪力墙弯曲变形 （1）存放不当或碰撞造成构件变形，对变形构件未做有效处理。 （2）运输保护不当或吊装绑扎方法不当，引起构件局部变形

防治措施	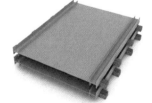 钢板剪力墙合理存放　　　　钢板剪力墙存放示意 　（1）应编制有针对性的构件运输、吊装、堆放方案，严格按方案执行，避免因运输不当、吊装不当、存放不当引发的构件变形。 　（2）已发生焊接变形或碰撞变形的构件应及时校正，或返厂处理。 　（3）规范要求：构件长度允许偏差±4.0mm，构件弯曲矢高允许偏差＋5.0mm/－2.0mm

7.2.4　钢板剪力墙安装时轴线超差

现象	钢板剪力墙安装时，轴线偏差较大
主要原因	  安装轴线存在波浪偏差　　　　安装轴线存在弧形偏差 （1）轴线测量定位有误。 （2）构件在存放、安装过程中发生变形，未及时校正。 （3）钢板剪力墙与钢筋、模板等工序穿插较多，易发生相互碰撞
防治措施	  轴线控制合格　　　　安装位置精确 （1）控制现场定位测量精度，安装前、完成后均需进行复测。 （2）加强构件进场验收及成品保护，发生局部变形时应及时校正处理。 （3）多工序穿插施工应编制合理的施工组织方案，有效组织各工序的穿插施工，避免施工混乱造成的构件碰撞变形。 （4）规范要求：偏差不应超过 1cm

7.2.5 钢板墙焊接变形超差

现象	钢板墙焊接时构件变形超差
主要 原因	 钢板墙焊接变形超差 （1）焊接顺序不合理。 （2）没有根据实际情况加设必要的支撑措施。 （3）没有增加必要的焊前预热和焊后保温措施
防治 措施	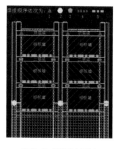　　 　确定合理焊接顺序　　　　　　加设必要支撑 　（1）根据钢板墙厚度、焊缝等级、受力特点等，制定合理的焊接顺序。 　（2）在通过焊接顺序调整仍达不到焊接控制要求时，加设必要的支撑措施

7.2.6　上下节钢板剪力墙连接错边超差

现象	上下两节钢板墙对接连接时错边偏差尺寸超过规范要求
主要原因	  单钢板剪力墙对接错边超差　　　箱形钢板剪力墙错边超差 （1）安装前测量定位出现偏差。 （2）构件本身发生变形，或安装顺序不合理造成了构件变形、位移，未进行有效的临时固定。 （3）焊接、栓接顺序不合理，过程中发生了位移，未进行调整
防治措施	  单钢板剪力墙对接　　　　　箱形钢板剪力墙对接 （1）提高测量、定位精度，随时关注累计误差并及时调整。 （2）选择合理的安装顺序，禁止强行安装，安装完成后及时进行临时固定。 （3）选择合理的焊接、栓接顺序，过程中实时监测位移，发生偏差及时调整。 （4）规范要求：一、二级对接焊缝错边 $d<0.15t$ 且 $\leqslant 2.0$mm，三级焊缝 $d\leqslant 3.0$mm

7.2.7　同层钢板剪力墙连接错边超差

现象	同层钢板剪力墙对接连接时错边偏差尺寸超过规范要求
主要原因	 　单钢板剪力墙连接时错边超差　　　箱形钢板剪力墙连接时错边超差 （1）安装前测量定位出现偏差。 （2）构件本身发生变形，或安装顺序不合理造成了构件变形、位移，未进行有效的临时固定。 （3）焊接、栓接顺序不合理，过程中发生了位移，未进行调整
防治措施	 　单钢板剪力墙对接　　　　　　箱形钢板剪力墙对接 （1）提高测量、定位精度，随时关注累计误差并及时调整。 （2）选择合理的安装顺序，禁止强行安装，安装完成后及时进行临时固定。 （3）选择合理的焊接、栓接顺序，过程中实时监测位移，发生偏差及时调整。 （4）规范要求：一、二级对接焊缝错边 $d < 0.15t$ 且 $\leqslant 2.0$mm，三级焊缝 $d \leqslant 3.0$mm

7.2.8　钢板墙与钢柱连接错边超差

现象	钢板墙与钢柱对接连接时错边超差
主要原因	  钢板墙与钢柱连接错边超差　　　钢板墙与钢柱连接错边超差 （1）钢柱本身安装偏差较大，钢板墙安装前未对钢柱进行复测及调整。 （2）钢板墙构件安装顺序不合理，未进行有效的临时固定，造成了构件变形、位移。 （3）焊接、栓接顺序不合理，过程中发生了位移，未进行调整
防治措施	  钢板墙与钢柱对接　　　　　钢板墙与钢柱对接 （1）提高钢柱的安装精度，钢板墙安装前需对钢柱进行复测，发生偏移及时进行调整。 （2）选择合理的安装顺序，禁止强行安装，安装完成后及时进行临时固定。 （3）选择合理的焊接、栓接顺序，过程中实时监测位移，发生偏差及时调整。 （4）规范要求：$t/10$，且不应大于 3.0mm

7.2.9　钢板剪力墙上连接器定位有误

现象	钢筋连接器位置有误，钢筋无法顺利穿入连接
主要 原因	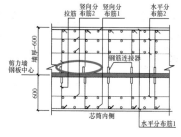  钢筋连接器定位错误　　　　钢筋连接器位置错误 　（1）深化设计时钢筋连接器位置未按设计图或图集进行设计，或未与钢筋施工图纸进行复核。 　（2）钢板墙现场安装精度偏差，造成钢筋连接器错位。 　（3）现场钢筋绑扎未按施工图纸进行施工
防治 措施	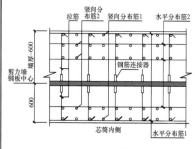  钢筋连接器位置准确　　　　钢筋连接器位置准确 　（1）加强深化管控，及时与钢筋施工图纸复核，必要时由相关单位确认。 　（2）提高钢板剪力墙安装精度，钢筋施工前需进行复测。 　（3）加强现场技术复核，确保钢筋按图施工

7.2.10 钢筋与钢板剪力墙连接不规范

现象	钢筋未按要求焊接在钢板剪力墙的搭接板上，或钢筋搭接板宽度不足，钢筋超出搭接板范围，无法焊接
主要原因	  钢筋连接不规范　　　　　　埋件钢筋连接不规范 （1）深化设计时钢筋搭接板未按设计图或图集进行设计，或未与钢筋施工图纸进行复核。 （2）钢板墙现场安装精度偏差，造成钢筋搭接板错位。 （3）现场钢筋绑扎未按施工图纸进行施工
防治措施	 钢筋与钢板剪力墙搭接 （1）加强深化管控，及时与钢筋施工图纸复核，必要时由相关单位确认。 （2）提高钢板剪力墙安装精度，钢筋施工前需进行复测。 （3）加强现场技术复核，确保钢筋按图施工

第8章 钢网格结构安装工程

8.1 螺栓球网架

8.1.1 螺栓球节点质量标准

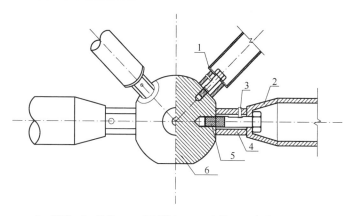

1—封板；2—锥头；3—紧固螺钉；4—套筒；5—螺栓；6—钢球
螺栓球节点

8.1.2 螺栓球几何参数允许偏差（螺栓球不得有过烧、裂纹及皱褶）

螺栓球几何参数允许偏差

项目		允许偏差
球直径 D（mm）	$D \leqslant 120$	+2.0 -1.0
	$D > 120$	+3.0 -1.5
球圆度（mm）	$D \leqslant 120$	1.5
	$120 < D \leqslant 250$	2.5
	$D > 250$	3.0

续表

项目		允许偏差
螺栓球螺孔端面与球心距（mm）		±0.20
同一轴线上两铣平面平行度（mm）	D≤120	0.20
	D>120	0.30
铣平面距球中心距离 a（mm）		—
相邻两螺纹孔夹角 θ（′）		±30
两铣平面与螺栓孔轴线的垂直度（mm）		0.5%r

注：r—铣平面外接圆半径。

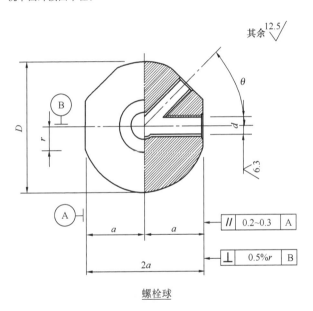

螺栓球

8.1.3　杆件组装完成后允许偏差

杆件组装完成后允许偏差（mm）

项目	允许偏差
杆件组装长度 L	±1.0
焊接余高	+2.0 0
两端孔中心与钢管轴线同轴度	1.0
两端孔中心与钢管轴线垂直度	0.5%r_1

注：r_1—钢管半径。

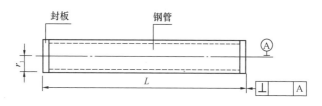

杆件

8.1.4　套筒允许偏差

套筒允许偏差（mm）

项目	允许偏差
套筒长度 m	± 0.2
焊接余高	$+2.0$ 0
套筒内孔中心至侧面距离 S	± 0.5
套筒两端平面与套筒轴线垂直度	$0.5\% r_1$

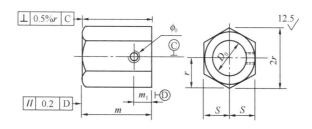

D_0——套筒内孔直径；

ϕ_0——紧固螺钉孔径；

m——套筒的总长度；

m_1——紧固螺钉孔中心至套筒端面距离。

套筒

8.1.5　螺栓球与杆件之间存在缝隙

现象	螺栓球与杆件之间存在缝隙
主要 原因	  螺栓未拧紧 （1）钻床的钻头没有及时更换，磨损严重造成孔径偏小。 （2）杆件制作偏差。 （3）高强度螺栓未拧紧。 （4）没按规定进行检查重复施拧
防治 措施	  　　螺栓孔加工合格　　　　　　　　　　安装效果 （1）定期更换钻头。 （2）提高杆件加工精度。 （3）螺栓球网架安装时要求套筒顶紧球面并进行复查

8.1.6　杆件与螺栓球连接角度超差

现象	杆件与螺栓球连接角度超差
主要 原因	 杆件与螺栓球连接角度超差 （1）螺栓球加工时角度误差超标。 （2）由于安装原因引起螺栓球偏位或转动，造成角度偏差
防治 措施	 安装合格的节点 （1）对机床定期进行检定并控制好钻孔精度。 （2）按照技术交底要求的顺序安装网架。 （3）设计和施工应避免螺栓球节点受弯扭或限制转角

8.1.7　螺栓球严重锈蚀

现象	螺栓球严重锈蚀
主要原因	　　　　　　　螺栓球表面锈蚀 （1）工厂加工时未按设计要求对螺栓球做抛丸除锈涂刷油漆。 （2）加工、运输和安装过程中不注意成品保护，随意滚动造成油漆脱落。 （3）螺栓球现场露天堆放时间过长或安装之后未及时节点补漆
防治措施	　　　　　　　螺栓球外观良好 （1）螺栓球钻孔之后进行喷砂除锈，并对螺栓孔采取临时保护措施。 （2）运输和安装过程中注意成品保护，避免随意滚动造成油漆脱落。 （3）现场安装前去除临时保护膜并清理螺栓孔内的杂物。 （4）随着网架安装及时进行节点补漆

8.1.8 现场螺栓球上随意焊接

现象	现场螺栓球上随意焊接
主要原因	 螺栓球随意施焊 （1）小立柱和螺栓球现场焊接。 （2）小立柱和螺栓球是两种材质，螺栓球是45号钢，不得随意焊接。 （3）施工过程中检查控制不严格
防治措施	   螺栓连接 （1）小立柱与上弦球一般通过螺栓连接。 （2）小立柱与螺栓球焊接宜在工厂内完成。 （3）与螺栓球焊接必须进行技术交底，并按交底要求采取焊前预热措施，防止裂纹发生

8.1.9 安装后杆件弯曲

现象	安装后杆件弯曲
主要原因	 弯曲的杆件 （1）安装顺序或安装方法不合理原因造成杆件弯曲。 （2）螺栓球网架安装时没有及时支撑造成变形过大，引起杆件弯曲。 （3）杆件长度超过允许公差
防治措施	 网架安装后效果良好 （1）根据网架的结构形式，制订切实可行的安装方案和杆件安装顺序。 （2）把加工精度控制在规范要求之内。 （3）螺栓球网架安装过程中要及时采取临时支顶措施，防止安装过程中变形过大引起杆件弯曲

8.1.10　套筒承压面积减少

现象	套筒内端孔成锥形，壁厚不均匀，明显减少了套筒承压面积
主要原因	   套筒承压面积小 加工工艺问题减少了承压面积
防治措施	 模锻成型 应采用模锻成型工艺

8.1.11 螺栓球节点孔未封堵

现象	螺栓球节点多余孔未封堵
主要原因	 螺栓孔未封堵 （1）多余螺栓孔未封堵长期外露造成孔内锈蚀。 （2）技术交底没有明确封堵多余螺栓孔。 （3）施工过程中检查控制不严格
防治措施	 螺栓孔密封 （1）用油腻子或堵头将螺栓球节点多余孔密封。 （2）技术交底要明确封堵多余螺栓孔。 （3）施工过程中逐个检查，严把质量关

8.2 焊接球网架

8.2.1 焊接空心球节点

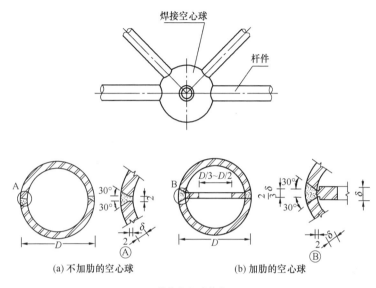

(a) 不加肋的空心球   (b) 加肋的空心球

焊接空心球节点

8.2.2 钢管坡口形式

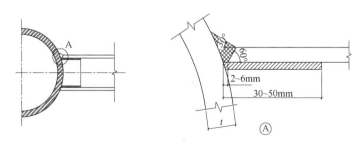

钢管加套管的坡口连接

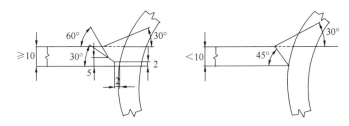

钢管不加套管的坡口连接

8.2.3 焊接空心球几何尺寸允许偏差

焊接空心球几何尺寸允许偏差

项目	规格(mm)	允许偏差(mm)
直径	$D \leqslant 300$	±1.5
	$300 < D \leqslant 500$	±2.5
	$500 < D \leqslant 800$	±3.5
	$D > 800$	±4.0
圆度	$D \leqslant 300$	±1.5
	$300 < D \leqslant 500$	±2.5
	$500 < D \leqslant 800$	±3.5
	$D > 800$	±4.0
壁厚减薄量	$t \leqslant 10$	$\leqslant 18\%t$，且不大于1.5
	$10 < t \leqslant 16$	$\leqslant 15\%t$，且不大于2.0
	$16 < t \leqslant 22$	$\leqslant 12\%t$，且不大于2.5
	$22 < t \leqslant 45$	$\leqslant 11\%t$，且不大于3.5
	$t > 45$	$\leqslant 8\%t$，且不大于4.0
对口错边量	$t \leqslant 20$	$\leqslant 10\%t$，且不大于1.0
	$20 < t \leqslant 40$	2.0
	$t > 40$	3.0
焊缝余高		0~1.5

注：D 为焊接空心球的外径，t 为焊接空心球的壁厚。

8.2.4 杆件允许偏差

杆件允许偏差

项目	允许偏差(mm)
长度	±1.0
端面对管轴的垂直度	$0.005r_1$
管口曲线	1.0
杆件不平直度	1/1000 且≤5

注：r_1—钢管半径。

8.2.5　半球料片过烧

现象	半球料片过烧，内外氧化皮过厚
主要原因	 半球料片过烧 （1）炉温过高，按料片厚度温调不准确。 （2）加温时间太长
防治措施	 出炉料片 （1）根据料片厚度，调整炉膛温度。 （2）控制火焰燃烧时间，掌握保温时间。 （3）避免料片厚、薄混烧

8.2.6 半球壁厚减薄量超标

现象	半球壁厚减薄量超标
主要原因	 壁厚减薄量超标 （1）原材料标准范围内的下偏差。 （2）热压成型过程中挤压、拉伸使壁厚变薄。 （3）加热温度过高，内外氧化皮过厚
防治措施	**钢板厚度与成型半壳厚度检测记录** FJ/CJ06.8.17–15

<table>
<tr><td colspan="3">钢板测厚记录</td><td colspan="3">半壳测厚记录</td></tr>
<tr><td>公称厚度
(mm)</td><td colspan="2">GB/T 709
板厚偏差
(+ mm – mm)</td><td>公称厚度
(mm)</td><td colspan="2">GB 50205
半壳厚度减薄量
(≤13%且≤1.5m)</td></tr>
<tr><td></td><td colspan="2">最小厚度   mm</td><td></td><td colspan="2">最小厚度   mm</td></tr>
<tr><td>测量位置</td><td colspan="2">A.
B.
C.</td><td>测量位置</td><td colspan="2"></td></tr>
</table>

（1）采购正规钢材生产厂家的原材料，合同约定偏差要求。
（2）合理设计上、下模的间隙。
（3）控制好加热温度

8.2.7 内部肋板漏焊

现象	加肋球内部肋板漏焊
主要原因	<div align="center">内部肋板未焊接</div>（1）技术交底不清楚，肋板隐蔽焊缝未焊接。 （2）焊接球加工过程中检查控制不严格
防治措施	<div align="center">内部肋板焊接</div>（1）严格按照规范和图纸要求对操作工人进行技术交底。 （2）监理工程师驻厂监造时要严格检查每道工序。 （3）半球的肋板在焊接后要进行隐蔽验收

8.2.8　焊接球尺寸偏差

现象	焊接球的椭圆度和直径超差
主要原因	 焊接球椭圆度超差 （1）半球压制模具尺寸偏差，压制过程控制不严格。 （2）半球对接时尺寸偏大或偏小，焊接后收缩变形
防治措施	 焊接球尺寸检测合格 （1）控制好半球的压制精度。 （2）半球切边在专用胎架上切割，保证切割精度。 （3）两半球对接时采用专用胎架组装，同时考虑焊接收缩量

8.2.9 焊缝余高

现象	焊接球焊缝余高偏大
主要原因	 焊缝余高偏大 （1）两个半球对接焊时，操作工人控制不好造成焊缝余高过大。 （2）技术交底不清楚或者施工过程中检查控制不严格
防治措施	 焊缝余高合格 （1）控制好半球的切边精度。 （2）两个半球对接焊时，焊工要根据焊缝的厚度和宽度采取多层多道焊并控制好焊缝余高。 （3）焊缝余高控制在 0～1.5mm

8.2.10 焊接对口错边

现象	半球外表面凹凸不平及对口错边量超差
主要原因	 焊口错边 （1）半球在压制过程中料片温度不均匀，出现椭圆形现象。 （2）半球切边时精度控制不够，一半大、一半小。 （3）上下模具同心度不准确
防治措施	 焊口合格 （1）模具安装上下模间隙准确。 （2）料片加热温度应均匀。 （3）球径与壁厚比值应合理。 （4）从半球的压制、切边、拼装等过程中严格执行工艺标准，发现超标现象及时纠正处理

8.2.11 焊缝质量缺陷

现象	空心球焊缝有缺陷，焊接质量不合格
主要原因	<div align="center">焊缝有缺陷</div>（1）焊接坡口加工不合理。 （2）组装焊缝间隙较小造成根部未焊透。 （3）焊接工艺未根据非标节点及坡口形式进行调整。 （4）焊工技术不好
防治措施	<div align="center">焊缝符合要求</div>（1）根据壁厚、空心、加肋的不同情况确定坡口角度。 （2）空心球对接焊缝设置衬环，并根据焊接工艺预留合理的焊缝间隙。 （3）加强对焊工的培训

8.2.12　未喷涂可焊底漆

现象	焊接球出厂时未涂刷可焊底漆
主要原因	 焊接球未涂刷可焊底漆 （1）焊接球工厂加工后未除锈、涂刷底漆。 （2）技术交底不清楚。 （3）施工过程管控不严格
防治措施	 基层处理符合要求 （1）焊接球出厂前做好除锈并涂刷底漆，并把编号喷在球表面。 （2）在装车、运输和卸车过程中注意成品保护工作，减少相互碰撞

8.2.13　杆件无编号

现象	杆件无编号或编号不清晰
主要原因	<div align="center">杆件无编号</div>（1）网架杆件未编号。 （2）技术交底不明确或杆件加工过程中检查控制不严格
防治措施	<div align="center">杆件编号清晰</div>（1）杆件下料、抛丸、喷漆过程中编号写在钢管的端部内侧。 （2）油漆喷涂完成打包前及时把编号返到端部外侧醒目位置

8.2.14 杆件无衬管

现象	杆件未加衬管
主要原因	<div align="center">无衬管焊接</div>（1）技术交底不清或施工过程中检查控制不严格。 （2）衬管和钢管内壁点焊焊缝不合格
防治措施	<div align="center">衬管焊接</div>（1）切割时壁厚 6mm 以上的钢管应按规范要求开设坡口。 （2）壁厚 6mm 以上的杆件下料时考虑衬管造成下料长度的变化。 （3）衬管在工厂点焊固定或者现场拼装时根据间隙情况点焊

8.2.15　钢管切割不规范

现象	钢管随意切割下料、管口呈现毛边
主要原因	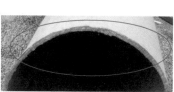 *杆件随意切割* （1）杆件下料不准确，安装现场没有专用下料机具，使用手工切割。 （2）技术交底不清楚，操作人员野蛮施工、随意切割杆件。 （3）施工过程中检查控制不严格
防治措施	 *杆件切割符合要求* （1）按技术交底规定的顺序拼装网架杆件。 （2）施工过程中严格检查控制，不得随意切割杆件。 （3）采用专用设备或相贯线切割机下料

8.2.16　焊缝外观差

现象	焊缝外观成型不好，余高不够
主要原因	 焊缝余高不够 （1）施工技术交底不清，焊缝余高不够。 （2）未对进场焊工进行附加考试挑选优秀焊工，焊工技术不好导致成型差。 （3）施工过程中检查控制不严格
防治措施	 合格焊缝 （1）球管对接焊缝属于全位置焊接，对焊工要求高，焊工进场时应附加考试，选择优秀的焊工施焊。 （2）做好技术交底工作，在焊接工程中严格控制焊缝外观

8.2.17 焊接球的焊缝与主受力方向不平行

现象	焊接球的焊缝与主受力方向不平行
主要原因	 焊缝与主受力方向不平行 （1）技术人员没有对操作工人进行详细的技术交底。 （2）现场管控不严，安装过程中随意摆放
防治措施	 焊接球安装位置正确 　（1）技术人员在安装前对操作工人进行详细交底，焊接球的焊缝与主受力方向应平行。 　（2）安装过程严加管控

8.2.18　杆件安装顺序

现象	安装主次杆件相贯焊接顺序不正确
主要原因	 相贯口做法错误 （1）杆件下料时未考虑有相贯情况。 （2）技术交底不清楚，出现先安装次杆件，后安装主杆件现象。 （3）隐蔽焊缝未焊接直接安装相贯杆件
防治措施	 先安装主杆件后安装次杆件 （1）杆件下料时考虑相贯情况。 （2）先安装主杆件，后安装次杆件。 （3）隐蔽焊缝先焊接并检测合格后，再安装与之相贯的杆件

8.2.19 拼装下弦球未采取有效定位措施

现象	拼装下弦球未采取有效定位措施
主要原因	 无定位措施　　　　　　无定位措施 （1）下弦球未采取定位措施，直接放在地上拼装。 （2）技术交底不清或者现场管控不严格
防治措施	 下弦球采取定位措施 　（1）技术交底中对下弦球的测量定位要做出详细的施工控制措施。 　（2）网架拼装过程中临时支撑措施是保证拼装和安装质量的关键要素，要严格监督管理

8.2.20　地面拼装下弦球定位措施

现象	地面拼装时下弦球定位措施不规范
主要原因	<div align="center">下弦球定位不规范</div>（1）为降低成本，采用砖、木方或临时钢管支撑下弦球。 （2）支撑不规范、不稳定容易造成网架拼装过程中发生变形
防治措施	<div align="center">下弦球定位措施</div>（1）每个下弦球下面砌混凝土墩或砖跺并用混凝土压顶。 （2）根据下弦球的标高、球的直径和支托杆的直径计算出支托的长度。 （3）根据计算的支托长度，工厂下料送到现场后按设计位置摆放

8.2.21 雨期施工

现象	雨天焊接措施不到位
主要 原因	 防雨措施不到位 （1）雨天拼装、施焊未采取有效防雨措施。 （2）技术交底不清楚或施工过程中检查控制不严格
防治 措施	 非雨天施工 （1）合理安排工期，避免下雨时施工。 （2）如雨天必须焊接时，应采取有效的防雨措施

8.2.22　在构件上随意施焊

现象	安装过程中球和杆上随意焊接
主要原因	<div align="center">构件上随意施焊</div>（1）安装过程中对球和杆件未采取保护措施，直接焊接吊耳。 （2）技术交底不清或现场管控不严格
防治措施	<div align="center">安装过程规范管理</div>（1）杆件应该采用吊装带吊装。 （2）焊接球应采用吊环或网兜吊装，不宜焊吊耳

8.2.23　吊挂连接件偏差

现象	焊接球吊挂连接件偏差较大
主要 原因	 **吊挂连接件偏位过大** （1）网架下弦球的标高和平面位置控制不准确。 （2）有吊挂设施的网架，吊挂连接点与球中心偏位过大。 （3）网架拼装焊接过程中，焊接收缩使下弦球发生偏移
防治 措施	 **吊挂连接件偏差符合要求** 　　从拼装和焊接工艺上采取相应措施，防止下弦球在焊接后发生较大的位移

8.2.24 随意贴板焊接

现象	支座球与加劲肋板缝隙过大，随意贴板
主要原因	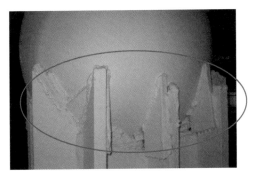 随意焊接贴板 （1）切割肋板时放样错误或工装偏差太大。 （2）施工过程中检查控制不严格，操作人员随意贴板补强
防治措施	 规范做法 （1）肋板下料应符合精度要求。 （2）施工过程中严格监督检查

8.3　圆钢管桁架

8.3.1　圆管构件加工的允许偏差

圆管构件加工的允许偏差

项　目	允许偏差（mm）
长度	±1.0
端面对管轴的垂直度	0.005r
管口曲线	1.0
杆件不平直度	1/1000 且≤5

项目	允许偏差（mm）	检查方法	图　例
直径	$\pm d/500$，且不应大于 3.0	用钢尺和卡尺检查	
构件（管段）长度	±3.0	用钢尺和百分表检查	
椭圆度	$f\leqslant\dfrac{d}{500}$，且不应大于 3.0	用卡尺和游标卡尺检查	
相贯线切口	±2.0	用套模和游标卡尺检查	
管端面对管轴线的垂直度	$\Delta\leqslant\dfrac{d}{500}$，且不应大于 3.0	用角尺、塞尺和百分表检查	
管端面局部不平度	$f<1.0$	用游标卡尺检查	
弯曲矢高	$L/1500$，且不应大于 5.0	用拉线、直角尺和钢尺检查	
对口错边	$t/10$，且不应大于 3.0，t 为钢管壁厚	用套模和游标卡尺检查	

相贯线切割

8.3.2　圆管桁架的焊接

圆管桁架分为平面桁架和立体桁架。桁架结构形式为弦杆贯通，腹杆焊接在弦杆上，其节点为腹杆与弦杆圆管相贯直接焊接的节点。

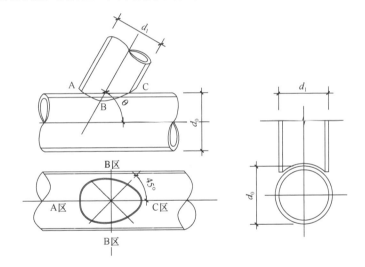

圆管相贯节点焊接

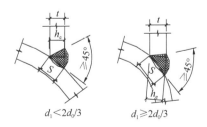

$d_1 < 2d_0/3$　　$d_1 \geqslant 2d_0/3$

圆管 B 区焊缝详图

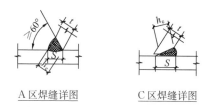

A区焊缝详图   C区焊缝详图

8.3.3 圆管对接

坡口形式：

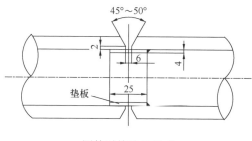

圆管对接坡口形式

拼装接头措施：

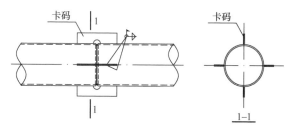

卡码布置示意图

8.3.4 相贯口切割不规范

现象	相贯口随意切割
主要原因	 相贯口随意切割 （1）因圆管相贯节点的特殊性，无法直接安装就位。 （2）由于安装精度不够造成相贯口间隙过大，操作人员随意塞瓦片焊接。 （3）复杂节点没有策划安装顺序，操作人员随意安装
防治措施	 相贯口符合要求 （1）加强现场管控，提高安装精度。 （2）两端相贯安装确有难度的杆件，宜分段安装，且杆件分段长度应符合下列规定： ① 当圆管直径 $d \leqslant 500$mm 时，不应小于 500mm； ② 当钢管直径 500mm$ < d \leqslant 1000$mm 时，不应小于直径 d； ③ 当钢管直径 $d > 1000$mm 时，不应小于 1000mm

8.3.5 弧形桁架接口

现象	弧形桁架接口不顺滑
主要原因	 接口不顺滑 （1）由于拼装精度不高，弧形桁架安装后接口不顺滑，出现死弯现象。 （2）桁架分段安装过程精度控制不好，造成误差偏大
防治措施	 接口平顺 （1）提高弯管曲率控制精度。 （2）采用胎架严格控制弧形桁架的拼装空间坐标的定位精度。 （3）桁架分段安装过程中控制好安装精度

8.3.6　主、次管处理

现象	安装时先焊接次管，后切割主管
主要原因	 先安装次管后安装切割主管 （1）因圆管相贯节点特殊性，应该先安装主受力管，后安装次受力管。 （2）操作人员随意施工，安装顺序错误。 （3）技术交底不清、施工过程中检查控制不严格
防治措施	 先安装主管后安装次管 （1）每个节点安装前使用 BIM 预先演示安装顺序。 （2）制定复杂节点的专项安装顺序并对操作人员详细交底，安装时做好隐蔽焊缝工作

8.3.7　铸钢件加工精度

现象	铸钢件加工精度超标
主要 原因	 铸钢件加工精度超标 （1）铸钢件角度偏差大，安装后出现死弯现象。 （2）铸钢件加工坡口和厚度不均匀
防治 措施	 加工精度符合要求 （1）每个铸钢件制作专用模具，控制好模具的精度。 （2）出厂前严格检查铸钢件精度。 （3）利用 BIM 预拼装技术检测每个节点的加工精度

8.3.8　相贯口焊缝质量

现象	相贯口焊缝质量差
主要 原因	 相贯口焊缝质量差 （1）复杂相贯节点没有考虑焊接顺序，未进行技术交底。 （2）焊工技术不过关，不适合焊接相贯口。 （3）施工过程中检查控制不严格
防治 措施	 焊缝观感好 （1）复杂节点制定专项交底，确定合理的焊接顺序。 （2）做好焊工附加考试，选择技术好的焊工施焊。 （3）加强过程监督管理，严格控制施工流程

8.3.9 焊缝过大

现象	杆件下料长度误差大，焊缝过宽
主要原因	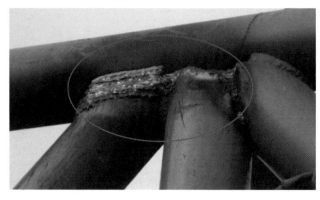 焊缝过宽 （1）杆件相贯线切割精度不够或安装过程控制精度不够。 （2）因圆管相贯节点特殊性，无法直接安装就位，操作人员现场切割造成焊缝间隙过宽
防治措施	 焊缝观感好 （1）控制下料长度或相贯线切割精度。 （2）严禁在焊缝处填充钢板条或钢筋代替焊缝

第9章 大跨度钢结构安装工程

9.1 方矩形管桁架安装

9.1.1 方矩形管桁架节点焊缝布置不合理

现象	节点焊缝布置不合理、焊接要求不明确
主要原因	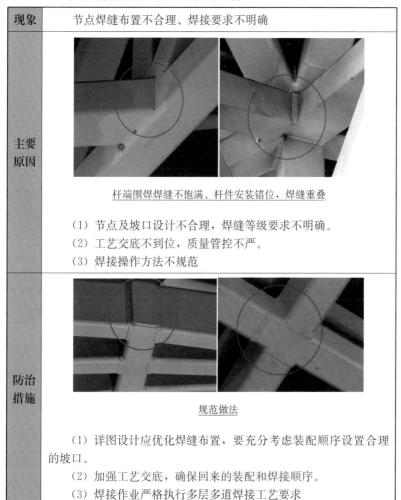 杆端围焊焊缝不饱满、杆件安装错位，焊缝重叠 （1）节点及坡口设计不合理，焊缝等级要求不明确。 （2）工艺交底不到位，质量管控不严。 （3）焊接操作方法不规范
防治措施	规范做法 （1）详图设计应优化焊缝布置，要充分考虑装配顺序设置合理的坡口。 （2）加强工艺交底，确保回来的装配和焊接顺序。 （3）焊接作业严格执行多层多道焊接工艺要求

9.1.2　矩形管与圆管连接节点隐蔽焊缝无法焊接

现象	连接节点安装定位困难、连接焊缝无操作空间
主要原因	 隐蔽焊缝无法焊接 （1）详图设计时未考虑隐蔽焊缝的施焊空间及现场安装定位措施。 （2）现场安装时未考虑杆件装配顺序
防治措施	　 安装顺序合理　　　　　　节点外伸牛腿 （1）详图设计应综合考虑工厂加工和现场安装条件，保证隐蔽焊缝焊接的可操作空间。 （2）对于复杂相贯连接节点，宜采用外伸牛腿，在工厂完成牛腿节点的加工拼装和焊接，方便现场杆件对接连接。 （3）现场要做详细的焊接顺序交底，确保隐蔽焊缝的焊接和探伤要求，隐蔽焊缝焊接探伤合格后才能进行后续构件的安装。 （4）严格执行工序交接检，确保隐蔽及所有焊缝的焊接质量

9.2　管桁架安装

9.2.1　管桁架弯管工艺不合理

现象	弧形弦杆钢管断面局部切缝后焊接
主要 原因	 <u>弯管工艺不当</u> （1）图纸对钢管圆弧制作要求不明确，钢管曲弧工艺不合理。 （2）过程控制不严格，没有严格按照弯管工艺执行。 （3）质量检查验收不到位，没有按照规范进行验收
防治 措施	 <u>规范做法</u> 　　（1）详图设计应明确弧形钢管加工质量要求，制定合理的弯管工艺方案，弯管工艺可采用冷弯、热煨弯或中频加热弯管。 　　（2）工艺交底到位，加强过程质量管控力度，确保质量

9.2.2 相贯节点主管隐蔽焊缝焊接

现象	管桁架拼装中节点主、次杆件同时拼装造成主杆局部焊缝隐蔽无法施焊
主要原因	<div align="center">主管隐蔽焊接无法焊接</div>（1）详图设计没有充分考虑同一节点诸多杆件交汇时的焊接空间。 （2）现场拼装时，未考虑主次杆件的先后隐蔽焊接顺序问题。 （3）没有对多管相贯的安装和焊接进行详细的针对性交底
防治措施	<div align="center">规范做法</div>（1）详图设计时参照规范主次杆件间适当拉开间距，保证焊接操作空间。 （2）对直径较大杆件且设计不允许做节点偏心处理时，可以在次杆端部开设主杆隐蔽焊缝焊接手孔。 （3）先安装一次相贯的杆件，焊接完毕合格后再安装二次相贯的杆件。 （4）现场安装时交底到位、按照合理的顺序进行安装，并严格控制工序交接检查，避免隐蔽焊接未焊接

9.2.3　杆件在节点处偏心

现象	次杆件在节点处安装偏心
主要原因	<div align="center">节点次杆件偏心</div>（1）详图设计没有充分考虑主管和次管装配的空间问题。 （2）杆件加工尺寸偏差大。 （3）现场构件安装随意，测量定位及误差校正措施不到位。 （4）现场过程质量验收控制不到位
防治措施	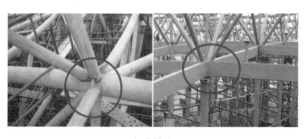<div align="center">规范做法</div>（1）详图设计要充分考虑主次杆件的装配顺序，避免次管相贯线的弧形无法顺利装配。 （2）工厂制作时加强质量管理，保证杆件的加工精度。 （3）现场安装时交底到位，按照合理的顺序进行安装，加强工序交接质量控制

9.2.4　杆件在球节点处安装偏心

现象	杆件在球节点处安装偏心严重
主要原因	<div align="center">球节点杆件偏心</div>（1）详图设计时未充分考虑导致球直径小、杆件交汇夹角小。 （2）杆件加工尺寸偏差大。 （3）现场安装时杆件没有按照定位进行安装，随意切割，质量意识差
防治措施	<div align="center">规范做法</div>（1）详图设计时遇到杆件交汇夹角过小时可适当加大球的直径。 （2）提高加工质量，保证杆件加工精度。 （3）加强现场安装质量控制，避免杆件随意切割，保证安装质量

9.2.5　相贯线节点的杆件安装定位控制

现象	相贯线节点的杆件安装定位大偏差
主要原因	<div align="center">无定位标记点</div>（1）相贯线节点的杆件安装时无明确清晰的定位标记点，安装位置随意。 （2）现场安装交底不清、不细，工序质量检查控制不到位
防治措施	<div align="center">定位标记清晰</div>（1）次杆件安装前在主杆上标记次杆安装定位控制线。 （2）杆件拼装过程中随时用全站仪跟踪及时定位校正。 （3）现场安装时交底要具体，质量控制到位。 （4）作业时控制好工序交接检查，保证安装精度

9.2.6 管桁架节点主弦杆补强套管安装

现象	补强套管安装位置偏差大，影响次杆件安装焊接
主要原因	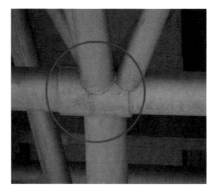 补强套管位置错误 (1) 详图设计时套管设计没有充分考虑次杆件的相贯。 (2) 加工时补强套管位置装配位置偏差。 (3) 现场拼装杆件安装位置错误
防治措施	 补强套管位置正确 (1) 详图设计时充分考虑所有杆件的相贯焊接，确保套管长度。 (2) 制作时严控构件质量，确保零件定位准确。 (3) 现场拼装前进行针对性的工艺技术交底，确保按图纸和规范要求施工

9.3　大跨度桁架及支座安装

9.3.1　复杂体型焊接球节点网架（壳）结构安装

现象	网架杆件现场安装误差大
主要原因	  下弦节点杆端焊缝处理不当　　　下弦节点定位支撑钢管弯曲 （1）网架下弦定位球节点的定位措施无法提供稳定准确的空间定位条件。 （2）塞杆处理工艺不当，现场随意切割。 （3）现场交底不到位，质量管控不严
防治措施	 规范做法 （1）采用满堂脚手架操作平台进行网架拼装时，必须保证下弦定位球节点的定位准确且稳固。 （2）现场拼装和安装时采用合理的安装顺序和塞杆处理工艺，避免塞杆无法就位进行切割现象。 （3）现场拼装加强工序交接检查，保证安装精度

9.3.2 悬挑钢结构的悬挑端标高控制

现象	悬挑钢梁梁端标高偏差大、高低不平
主要 原因	 悬挑梁端部不平 （1）悬挑梁安装时梁端无临时支撑措施。 （2）悬挑梁支座端节点安装偏差大。当支座节点采用栓焊节点时，焊缝坡口间隙宽窄超出误差、焊接收缩量不同等原因造成悬挑端的标高不同
防治 措施	 规范做法 （1）安装施工时悬挑端宜设置可靠的临时支撑，或采用斜上方拉结临时固定。 （2）现场安装时严格执行安装工序的质量控制，保证安装质量。如安装完成后出现较大偏差情况，要及时进行校正

9.3.3　大跨度桁架结构安装的变形控制

现象	桁架安装后出现较明显下挠
主要原因	 桁架下挠变形明显 （1）设计对使用荷载考虑不足，结构设计刚度不够。 （2）桁架制作和安装过程中未采取有效的预变形（预起拱）措施。 （3）施工方案不合理，没有进行施工过程的模拟分析
防治措施	 桁架无下挠 （1）设计应充分考虑结构的使用荷载，避免结构刚度不够、跨中挠度变形超出规范要求。 （2）制定合理的安装工艺，并进行施工模拟计算，在制作和安装考虑预起拱，加强过程中工序检查，保证安装质量

9.3.4　大跨度钢桁架系杆或次桁架安装

现象	系杆或次桁架安装不顺直
主要原因	 系杆或次桁架不顺直 （1）系杆或次桁架连接节点加工质量偏差大。 （2）主桁架现场安装偏差大
防治措施	 规范做法 （1）构件加工时保证主次桁架连接节点的定位精度。 （2）大跨度主桁架分段现场组拼时注意控制拼装精度。 （3）大跨度主桁架安装时以桁架跨中轴线控制支座安装定位，避免混凝土结构柱的柱顶位置施工偏差影响各榀主桁架的安装定位

9.3.5　箱形断面杆件交汇节点

现象	腹杆采用"超宽间隙堆焊＋窄钢板条对接"方式接长
主要原因	 腹杆接长不规范 （1）详图设计错误。 （2）杆件加工尺寸偏差过大。 （3）现场拼装时杆件随意切割
防治措施	规范做法 （1）保证详图设计准确。 　（2）工厂加工时加强质量控制，保证杆件加工尺寸偏差满足规范要求。 　（3）现场拼时不得随意切割杆件，严格控制结构拼装尺寸偏差。 　（4）当杆件长度偏差过大时，应按照规范要求进行杆件接长。采用堆焊工艺处理较大焊缝根部间隙偏差时，应制定专门堆焊处理技术交底，杆件端头四面应统一采用焊接处理且保证焊接质量合格

9.3.6 采用夹板焊接连接节点的圆管支撑杆件安装

现象	封闭断面支撑杆件在端部未做焊接封闭
主要原因	 端部未封闭 （1）深化图纸遗漏封板零件。 （2）工厂制作质量控制不严。 （3）现场安装未按规范要求施工，管口没有封闭
防治措施	 规范做法 （1）提高详图设计质量，加强图纸审核力度。 （2）保证工厂构件100%检查。 （3）落实现场安装的技术交底和质检工作，保证现场安装质量

9.3.7　网架球铰支座节点安装

现象	网架支座节点翘起或节点底板偏出柱顶
主要原因	  支座翘起　　　　　　　　　支座偏移 （1）网架拼装误差大或安装过程中变形大，导致结构支座节点位置与设计位置之间存在较大偏差。 （2）混凝土下部支撑结构的施工偏差大，钢结构安装施工前未与土建施工进行测量交接，未对超标偏差制订处理预案
防治措施	 规范做法 （1）安装前认真检查土建施工标高偏差，发现过大偏差提前处理。 （2）加强钢结构安装质量控制，避免造成的节点上翘现象。如不能避免，则不可强制就位焊接，应根据实际偏差尺寸重新加工支座，不可通过堆焊、加钢板条的方法完成支座焊接

9.3.8　矩形管桁架支座节点焊缝观感质量差

现象	支座节点焊缝外观质量差
主要原因	 焊缝外观质量差 （1）详图设计时对焊缝要求不明确，没有充分考虑焊接空间。 （2）现场安装时技术交底对支座处杆件焊接交底不清。 （3）对焊缝检查不到位
防治措施	 规范做法 （1）详图设计时对支座节点处杆件焊缝提出明确质量要求。 （2）现场安装时对支座处杆件技术交底到位。 （3）质检人员加强质量控制。 （4）焊接作业时严格执行规范要求

9.3.9　大型体育场钢结构罩棚多点支撑支座节点

现象	节点处杆件加长处理随意、不符合规范要求
主要原因	 杆件偏差大 （1）下部混凝土支撑结构的屋盖支座预埋件偏差较大，造成按图加工的支座杆件出现较大长度偏差。 （2）现场拼装和安装误差造成支座杆件出现较大偏差
防治措施	规范做法 （1）钢结构施工前应对预埋件位置进行复测，发现较大偏差时应在钢结构安装前对相应支座的构件尺寸进行调整，避免误差积累。 （2）控制现场安装质量，当杆件长度出现较大偏差时应重新按实测尺寸加工杆件替换原杆件，也可用长度不小于500mm的短管，一端切好相贯线安装于节点，另一端与截短的原杆件作全熔透对接焊接

9.4　销轴连接节点

9.4.1　销轴连接节点设计不匹配、安装方案不合理

现象	销轴连接配合不匹配、安装方法不合理
主要原因	 板间隙过大切割单侧销板 （1）销轴连接设计不匹配、间隙过大。 （2）工厂制作偏差较大。 （3）安装工艺方案考虑不当，导致现场切割单侧销板后方可就位
防治措施	 销轴连接间隙合理　　　　安装方案合理 （1）销轴连接设计时按规范要求进行，即销板孔径与销轴直径差不大于 1mm，销板间距不大于 5mm。 （2）提高工厂构件制作精度。 （3）编制安装工艺方案应考虑现场实际情况及方案的可实施性。 （4）现场安装技术交底要到位，质检人员加强质量控制

9.4.2　采用夹板销轴连接节点的圆管支撑杆件安装

现象	节点连接质量差
主要原因	  支撑耳板开长孔使支撑失效　　　无止退垫片、销板随意焊接 （1）详图设计错误、审核不到位。 （2）加工和拼装工序质量控制不严格、几何尺寸偏差大。 （3）现场安装时质量控制不到位、随意扩孔和焊接。 （4）现场结构安装偏差过大
防治措施	  规范做法 （1）提高详图设计质量，合理提出图纸工艺方案。 （2）严格落实构件加工、组拼装和安装全过程的质量控制措施，保证构件加工质量和现场安装精度。 （3）对于实际安装偏差过大的支撑应重新按实测尺寸加工耳板，以保证构件的结构功能实现。 （4）现场安装时禁止销轴耳板间的焊接、禁止耳板随意扩孔

第 10 章　紧固件连接工程

10.0.1　高强度螺栓连接副混用

现象	不同批号的螺栓、螺母和垫圈混用
主要原因	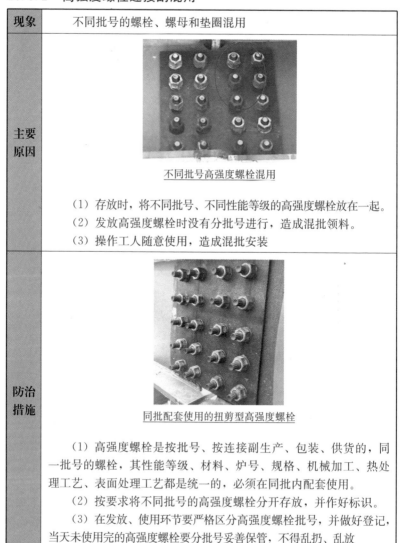 不同批号高强度螺栓混用 （1）存放时，将不同批号、不同性能等级的高强度螺栓放在一起。 （2）发放高强度螺栓时没有分批号进行，造成混批领料。 （3）操作工人随意使用，造成混批安装
防治措施	同批配套使用的扭剪型高强度螺栓 　　（1）高强度螺栓是按批号、按连接副生产、包装、供货的，同一批号的螺栓，其性能等级、材料、炉号、规格、机械加工、热处理工艺、表面处理工艺都是统一的，必须在同批内配套使用。 　　（2）按要求将不同批号的高强度螺栓分开存放，并作好标识。 　　（3）在发放、使用环节要严格区分高强度螺栓批号，并做好登记，当天未使用完的高强度螺栓要分批号妥善保管，不得乱扔、乱放

10.0.2　钢构件的高强度螺栓连接摩擦面的抗滑移系数未复验

现象	安装单位对钢构件高强度螺栓连接摩擦面的抗滑移系数不进行复验就直接安装
主要原因	（1）没有理解、掌握相关规范、标准的有关规定，只进行了制作厂的抗滑移系数试验，安装单位在构件安装前未对同批进场构件的抗滑移系数复验。 （2）钢结构施工前，试验检验计划漏项
防治措施	  摩擦面的抗滑移系数试验报告（制作）　　摩擦面的抗滑移系数复验报告（安装） （1）根据工程实际情况，开工前编制详细的钢结构试验检验计划，用于指导试验检验工作。 （2）钢结构制作和安装单位应按《钢结构工程施工质量验收标准》GB 50205 的相关规定分别进行高强度螺栓连接摩擦面的抗滑移系数试验和复验，现场处理的构件摩擦面应单独进行摩擦面抗滑移系数试验，其结果应符合设计要求。未经复验或复验不合格构件不得使用

10.0.3 高强度螺栓螺母、垫圈朝向错误或连接不规范

现象	高强度螺栓螺母、垫圈朝向错误或连接不规范
主要原因	  螺母、垫圈朝向错误　　部分螺栓连接未加垫圈　　部分螺母、垫圈与连接板焊接 （1）施工前，技术交底不到位。 （2）作业人员未按技术交底执行。 （3）质量管理人员过程控制不严
防治措施	  扭剪型高强度螺栓螺母、　　　大六角头高强度螺栓螺母、 　垫圈朝向正确　　　　　　　　　垫圈朝向正确 　　（1）扭剪型高强度螺栓连接副安装时，螺母带圆台面的一侧应朝向垫圈有倒角的一侧；大六角头高强度螺栓连接副安装时，除了上述要求外，螺栓头下垫圈有倒角的一侧应朝向螺栓头。 　　（2）高强度螺栓安装时无法拧紧时须更换，严禁将高强度螺栓焊接连接。 　　（3）技术交底要清楚，过程控制要严格

10.0.4 高强度螺栓连接副外观不符合设计要求

现象	高强度螺栓连接副表面生锈、沾染污物、螺纹损伤，连接副表面出现裂纹
主要原因	 被污染的高强度螺栓 高强度螺栓连接副运输、存放、保管不当，使用不规范
防治措施	 妥善保管的高强度螺栓 （1）高强度螺栓连接副运输应轻装、轻卸，使用应轻拿、轻放，防止损伤螺纹。 （2）存放、保管和使用必须按相关规定进行，防止受潮、生锈和沾染污物。 （3）施工前应进行复验，合格后方可使用；严禁使用复验不合格产品，存放超过 6 个月的高强度螺栓，需重新进行复验，合格后使用

10.0.5 高强度螺栓连接副外露丝扣数量超差

现象	高强度螺栓外露丝扣数量过多或过少
主要原因	  高强度螺栓外露丝扣过多　　　　高强度螺栓外露丝扣过少 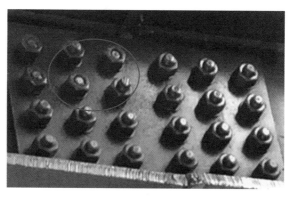 同一节点部分高强度螺栓外露丝扣不一致 （1）螺栓长度计算不准确，或订货错误，或使用错误。 （2）设计变更、材料代用，构件钢板以厚代薄或以薄代厚，没有及时调整螺栓长度。 （3）连接板翘曲不平整

防治
措施

高强度螺栓安装规范

（1）螺栓长度应根据连接板厚度，同时考虑设计变更、材料代用、施工操作等因素仔细、准确、合理地计算确定。

（2）要根据设计详图确定的不同部位选用不同规格、型号的高强度螺栓，避免错用；同一节点高强度螺栓连接副规格要统一。

（3）如螺栓本身长度超长或过短，造成伸出螺母外的螺纹过长或过短时，应卸掉过长或过短的螺栓，换上符合设计长度要求的同一材质、规格的螺栓。更换螺栓时应单个进行，不能一并同步进行

10.0.6 高强度螺栓孔偏差过大，螺栓不能自由穿入

现象	由于制孔偏差或安装误差，造成高强度螺栓不能自由穿入或不能穿入，用冲钉锤击扩孔，或采用气割扩孔，或强行打入孔内
主要原因	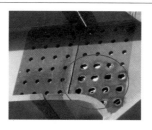 钢梁腹板随意用气割扩孔  扩孔后随意补焊　　　高强度螺栓孔严重错位、随意扩孔 （1）构件加工螺栓孔偏差大。 （2）安装误差造成孔位偏差。 （3）现场处理方式不当，遇到孔位不正、螺栓不能自由穿入时，采用气割扩孔或强行穿入
防治措施	 用电动铰刀修孔

（1）加强人员培训、采用高精度钻孔设备、采取合理的制孔工序和工艺，确保制孔精度满足要求。

（2）尽可能减少安装累积误差。

（3）制成的螺栓孔应为正圆柱形，孔壁应保持与构件表面垂直。孔周边应无毛刺、破裂、喇叭口或凹凸的痕迹，切削应清除干净。高强度螺栓孔径和连接构件孔距的允许偏差如下：

A、B 级螺栓孔径的允许偏差（mm）

序号	螺栓孔直径	螺栓孔直径允许偏差
1	10～18	+0.18 0.00
2	>18～30	+0.21 0.00
3	>30～50	+0.25 0.00

螺栓孔孔距允许偏差（mm）

螺栓孔孔距范围	≤500	>500～1200	>1200～3000
同一组内任意两孔间距离	±1.0	±1.5	—
相邻两组的端孔间距离	±1.5	±2.0	±2.5

注：1　在节点中连接板与一根杆件相连的所有螺栓孔为一组；

2　对接接头在拼接板一侧的螺栓孔为一组；

3　在两相邻节点或接头间的螺栓孔为一组，但不包括上述两款所规定的螺栓孔；

4　受弯构件翼缘上的连接螺栓孔，每米长度范围的螺栓孔为一组。

（4）对于错位不大的孔，可采用冲钉校正孔位，利用螺栓与螺栓孔间的间隙调整孔位，但不得用锤击冲钉的方法扩孔。

（5）对于错位较大的螺栓孔，可采用铰刀扩孔。扩孔后的最大孔径不得大于原设计孔径的 1.2d（d 为螺栓直径）。

（6）对于螺孔错位较多的螺栓组不宜采用扩孔方法处理，宜采用更换连接板的方法处理。

（7）螺栓孔位不正，在任何情况下，严禁采用气割扩孔的方法，或用锤将高强度螺栓强行打入孔内。

（8）螺栓孔错位严重的可用与母材力学性能相匹配的焊条补焊填孔，再在现场用磁座钻重新钻孔

左侧竖排：防治措施

10.0.7 摩擦面处理不符合设计要求

现象	摩擦面处理马虎或不做专门处理,包括连接处表面粗糙度不够、螺栓孔周边及构件边缘存在飞边、毛刺和焊接飞溅物等
主要原因	  高强度螺栓孔飞边、毛刺未清除　　摩擦面氧化层未清除 (1) 摩擦面处理前未打磨飞边、毛刺、焊接飞溅物等。 (2) 构件出厂时摩擦面处理不到位
防治措施	  钻孔后清除孔边毛刺　　连接板摩擦面处理  腹板摩擦面处理 (1) 摩擦面处理时,应将贴合面上的铁锈、焊渣、尘土、油污、螺栓孔壁及板边上的毛刺、飞边等清除干净,对板面上的焊瘤,应先用砂轮打磨掉,然后喷砂,不得随意调整工序,以免损坏摩擦面。 (2) 对于抗滑移系数要求较高的构件,机械抛丸处理摩擦面很难达到设计要求,应选择手工喷砂工艺,提高摩擦面质量

10.0.8 摩擦面保护不到位，被污染

现象	摩擦面经喷砂处理后，遮挡或保护不到位，被油漆污染；或运到工地后被泥土、油污或油漆等弄脏
主要原因	  摩擦面被油漆污染　　　摩擦面被泥土污染、生锈 （1）油漆涂装前，没有采取有效措施保护摩擦面，或遮盖的范围小而油漆喷涂在了摩擦面上。 （2）构件运到现场随意堆放，摩擦面被油污、油漆和泥土污染。 （3）由于没有对摩擦面保护，长时间存放在现场受潮或雨淋造成摩擦面锈蚀
防治措施	 钢构件喷漆前按要求遮挡摩擦面 （1）在喷涂油漆前，采取措施将摩擦面进行包裹，保护范围为连接板贴合面各方向尺寸分别加 50mm。 （2）构件运到现场后要分类堆放，并采取防污染措施

10.0.9　高强度螺栓安装前未彻底清理摩擦面

现象	在钢结构安装前，没有将保护摩擦面的胶带或塑料布全部清除干净，就直接安装高强度螺栓
主要原因	  梁腹板摩擦面未清理干净　　连接板摩擦面保护膜未清除就安装 （1）技术交底不清。 （2）操作人员责任心不强，管理人员检查不到位
防治措施	 安装前摩擦面清除干净 （1）在高强度螺栓安装前，应进行详细的技术交底。 （2）严格施工管理，加强过程检查

10.0.10　高强度螺栓代替临时螺栓

现象	钢结构安装时，直接将高强度螺栓代替临时螺栓使用
主要原因	 用高强度螺栓代替临时螺栓　　　用高强度螺栓代替临时螺栓 （1）高强度螺栓安装时，操作人员为图省事，用高强度螺栓兼做临时螺栓使用，一次性固定。这将造成对孔不正时，而强行对孔，必然损伤螺栓的螺纹、扭矩系数、预拉力的变化，螺栓轴力不均，降低连接强度。 （2）技术人员交底不清楚，管理人员过程控制不到位
防治措施	 钢柱安装时用临时螺栓　　　　钢梁安装时用临时螺栓 （1）安装前，技术人员要对操作工人书面交底，明确高强度螺栓施工工艺。加强过程质量管控。 （2）采用高强度螺栓连接时，先要安装临时固定，其数量不少于螺栓总数的 1/3，用冲钉配合使结构中心对位后，用扳手拧紧。调整柱梁垂偏和标高，如有孔位偏差，用铰刀等处理后，再安装高强度螺栓替换临时螺栓，以保证螺栓对孔准确和轴力均匀

10.0.11 连接板贴合不紧密

现象	由于钢构件在制作、运输过程发生变形，或因安装操作工艺不正确，导致连接板贴合不紧密

<table>
<tr><td rowspan="2">主要
原因</td><td colspan="2"></td></tr>
</table>

主要原因

梁端连接处缝隙较大　　屋面钢桁架上翼缘端部连接处缝隙较大

（1）连接处的钢板翘曲、变形，未预先矫正。

（2）连接构件边缘、螺栓孔周边有毛刺或孔间有杂物等。

（3）螺栓施拧顺序错误，从螺栓群外侧向中间的次序紧固，导致连接板鼓起，出现间隙

钢梁翼缘与连接板连接严密

防治措施

（1）在高强度螺栓施工前，可根据间隙大小分情况处理。

项目	示意图	处理方法
1		$\Delta < 1.0$mm 时不予处理
2	磨斜面	$\Delta = 1.0 \sim 3.0$mm 时将厚板一侧磨成 1：10 缓坡，使间隙小于 1.0mm
3		$\Delta > 3.0$mm 时加垫板，垫板厚度不小于 3mm，最多不超过 3 层，垫板材质和摩擦面处理方法应与构件相同

（2）严格遵守高强度螺栓连接的紧固顺序，即由中间向四周进行。

（3）对于露天使用或接触腐蚀性气体的钢结构，在高强度螺栓拧紧检查验收合格后，连接处板缝应及时用腻子封闭

10.0.12　高强度螺栓一次性终拧完成

现象	高强度螺栓安装时，未经初拧，一次性终拧完成
主要原因	 高强度螺栓一次性完成终拧 （1）未按照技术交底进行施工。 （2）过程控制不严格
防治措施	　 高强度螺栓初拧完成　　　　高强度螺栓终拧 　　（1）施工前，技术人员要组织工人进行技术交底，明确高强度螺栓施工工艺。 　　（2）为保证螺栓组间各螺栓受力均匀，减少轴力的损失，高强度螺栓的紧固分两次进行：先进行初拧，初拧扭矩为终拧扭矩的50％；再进行终拧。对于大型节点，在初拧后终拧前增加一次复拧

10.0.13　高强度螺栓安装后，不在 24h 内完成初拧、复拧和终拧

现象	高强度螺栓安装后，没有按照规范规定在 24h 内完成初拧和终拧，对大型节点还应在初拧后增加复拧
主要原因	（1）技术交底不清，或没有对工人进行技术交底，致使工人不知道初拧、复拧和终拧的时间要求。 （2）由于施工工序安排不合理，导致 24h 无法完成初拧、复拧和终拧，致使未施工完成的高强度螺栓较长时间暴露在外，或受雨淋、尘土、油污等污染，或损坏螺纹，将使扭矩系数和紧固轴力发生变化，影响连接强度
防治措施	  大六角头高强度螺栓初拧标识　　　大六角头高强度螺栓终拧标识  扭剪型高强度螺栓连接 （1）施工前应进行详细的书面交底，并加强过程控制。 （2）当天安装的高强度螺栓应在当天完成初拧、复拧和终拧。对于大六角头高强度螺栓，终拧后 24h 内应进行螺栓扭矩检查

10.0.14 气割切除扭剪型高强度螺栓梅花头

现象	由于各种原因，扭剪型高强度螺栓梅花头无法拧掉时，随意用气焊切割
主要原因	 用气割切除未拧掉的梅花头 （1）由于构造原因，主要是深化设计的节点没有考虑专用电动扳手的可操作空间，以致无法拧掉梅花头。 （2）在扭剪型高强度螺栓操作中，由于尾部梅花头损坏或磨损打滑，专用电动扳手难以拧掉梅花头，而用气割切除
防治措施	 用扭矩法施工完成的扭剪型高强度螺栓 （1）技术人员认真搞好技术交底，施工过程中要重点监督检查。 （2）对因没有操作空间，无法使用专用电动扳手紧固扭剪型高强度螺栓连接副的情况，应采用扭矩法进行初拧和终拧，做好标记和施工记录，并按规范要求进行终拧扭矩检查。 （3）由于扭剪型高强度螺栓尾部梅花头损坏或磨损打滑确实无法拧掉时，必须重新更换，再按要求拧紧即可。 （4）扭剪型高强度螺栓尾部的梅花头严禁用气焊切割，已用气焊切割的螺栓应重新更换

10.0.15 高强度螺栓紧固不按要求顺序进行

现象	高强度螺栓紧固时，不按照规定的顺序初拧和终拧
主要原因	 从一侧向另一侧紧固高强度螺栓 　　高强度螺栓紧固时，未按规定从螺栓群中间依次向外侧的次序紧固
防治措施	 从中间向四周紧固高强度螺栓 　　（1）高强度螺栓紧固时，为使螺栓群中所有螺栓均匀受力，初拧和终拧次序一般应从螺栓群中部向两端或向四周扩展，依次对称紧固。 　　（2）高强度螺栓一般紧固次序： 　　① 对柱、梁腹板连接部位，紧固次序从中间螺栓起顺序向两端螺栓紧固，见图（a）； 　　② 对全螺栓连接的 H 形柱、梁节点连接部位：上翼缘→下翼缘→腹板次序紧固，见图（b）； 　　③ 对箱形节点连接部位，A、B、C、D 四侧螺栓群的紧固从每侧中部沿箭头方向进行，见图（c）。

防治
措施

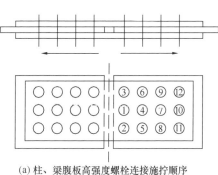

(a) 柱、梁腹板高强度螺栓连接施拧顺序

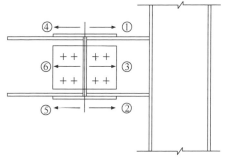

(b) 全螺栓连接的H形柱、梁节点高强度螺栓施拧顺序

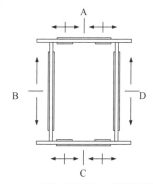

(c) 全螺栓连接的箱形节点高强度螺栓施拧顺序

10.0.16 紧固高强度螺栓时，终拧扭矩出现超拧或欠拧现象

现象	大六角头高强度螺栓终拧时，施加的扭矩值超过或少于终拧扭矩
主要原因	 采用无计量普通扳手拧紧大六角头高强度螺栓 （1）高强度螺栓安装工人操作不当。 （2）采用无计量普通扳手施拧，出现超拧或欠拧。 （3）高强度螺栓终拧扭矩值未按复验结果正确计算。 （4）扭矩扳手设定的终拧扭矩值有误。 （5）高强度螺栓连接副在拧紧时产生紧固轴力损失等而出现欠拧
防治措施	 采用力矩扳手拧紧大六角头高强度螺栓 （1）高强度螺栓安装工人，必须经过专业培训，掌握施工工艺和质量标准。 （2）正确计算大六角头高强度螺栓的终拧扭矩，其初拧、复拧扭矩不少于终拧扭矩的 50%，然后按照初拧、复拧、终拧的施拧顺序在 24h 内完成。 （3）扭矩扳手必须定期检定，取得合格证书，使用时正确标定扭矩值。 （4）大六角头高强度螺栓终拧结束，采用 0.3kg 的小锤逐个检查；并在终拧完成 1h 后、24h 前进行扭矩检查。欠拧或漏拧的应及时补拧，超拧的必须立即更换

10.0.17　大六角头高强度螺栓和扭剪型高强度螺栓混用

现象	在同一个高强度螺栓连接节点，同时使用大六角高强度螺栓和扭剪型高强度螺栓
主要原因	 同一节点扭剪型和大六角头高强度螺栓混用 （1）操作人员对高强度螺栓性能及使用要求不清楚，随意使用。 （2）工程技术人员对高强度螺栓施工质量的过程把关不严
防治措施	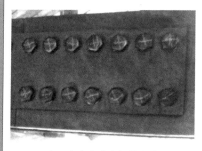 大六角头高强度螺栓连接　　 　　　　扭剪型高强度螺栓连接 （1）加强对操作人员的技术培训，施工前做好书面技术交底。 （2）严格把控过程质量，发现问题及时纠正。 （3）同一节点应采用同一类型、同一批次的高强度螺栓

10.0.18　大六角头高强度螺栓连接副终拧完成 24h 内，不进行终拧扭矩检查

现象	使用大六角头高强度螺栓连接副的连接节点，在高强度螺栓终拧完成后，质检人员不在 24h 内进行终拧扭矩检查，就进入下道工序
主要原因	（1）质检人员只进行外观检查，未进行终拧扭矩检查。 （2）相关人员没有认真理解和掌握高强度螺栓施工规程和验收标准
防治措施	 大六角头高强度螺栓终拧扭矩检查 （1）工程技术管理人员要认真学习高强度螺栓施工规程和相关验收标准，并严格执行，加强过程质量控制。 （2）对于大六角头高强度螺栓，终拧后 24h 内应进行螺栓扭矩检查，否则在外界环境影响下，螺栓扭矩系数将会发生变化，将会影响检查结果的准确性。 扭矩法施工的检查方法： ① 用约 0.3kg 的小锤敲击螺母对高强度螺栓进行普查，不得漏拧； ② 终拧扭矩检查时先在螺杆端面和螺母上画一直线，然后将螺母拧松 60°；再用扭矩扳手重新拧紧，使两线重合，测得此时的扭矩应在 $0.9T_{ch} \sim 1.1T_{ch}$ 范围内，$T_{ch} = kPd$ 其中，T_{ch}——检查扭矩；k——高强度螺栓连接副的扭矩系数； P——高强度螺栓预拉力设计值；d——高强度螺栓公称直径

10.0.19　同一节点高强度螺栓穿入方向不一致

现象	高强度螺栓安装时，随意穿入，出现穿入方向不一致的情况
主要原因	高强度螺栓穿入方向不一致 　　技术人员对操作工人技术交底不清楚，质量标准不明确，过程控制不严格
防治措施	高强度螺栓穿入方向一致 　　（1）施工前进行详细的技术交底，明确施工工艺和质量标准。 　　（2）严格过程质量控制，发现问题，立即整改。 　　（3）高强度螺栓安装应在结构构件中心位置调整后进行，其穿入方向应以施工方便为准，并力求一致

10.0.20　在高强度螺栓连接节点中，存在未拧紧或未安装的高强度螺栓

现象	在一个已经验收完成的高强度螺栓连接检验批中，还存在未拧紧或未安装的高强度螺栓连接节点
主要原因	 存在未安装高强度螺栓　　　存在未拧紧高强度螺栓 （1）质量检查人员过程控制不严格，检查验收不认真、不全面。 （2）操作工人马虎，缺乏责任心，质量意识差。 （3）技术人员对高强度螺栓安装过程中可能遇到的孔位偏差或螺栓本身质量问题的处理方案，在技术交底时没有交代清楚
防治措施	 安装完好的高强度螺栓连接节点 （1）施工前，对于高强度螺栓安装过程中可能遇到的质量问题及处理方案，在技术交底时要详细交代清楚。 （2）加强操作工人责任心和质量意识教育，不能留下质量隐患。 （3）加强全过程质量监督检查，排除质量隐患，确保钢结构工程安全

10.0.21 紧固高强度螺栓时，使用未经定期检定的扭矩扳手

现象	高强度螺栓紧固时，使用未经检测标定的扭矩扳手，直接影响到螺栓初拧、复拧和终拧扭矩值的准确性
主要原因	(1) 对扭矩扳手定期检定的重要性认识不够。 (2) 没有严格执行高强度螺栓施工工艺标准，对高强度螺栓超拧或欠拧的严重后果认识不够。超拧和欠拧都将给结构造成严重的安全隐患，超拧比欠拧后果更严重
防治措施	 扭矩扳手校准证书 用于高强度螺栓初拧、复拧和终拧的扭矩扳手，必须定期送法定检测机构检定，确认其精度在允许范围内，方可投入使用。 (1) 高强度螺栓紧固前后，应对扭矩扳手进行检测标定，并确认其精度。 (2) 扭矩扳手的标定精度要求： 当用于施工的扭矩扳手为使用扭矩的±5%；当用于检查的扭矩扳手为使用扭矩的±3%，校正合格后才能使用

10.0.22　高强度螺栓连接孔边距小

现象	高强度螺栓连接的连接板孔边距太小
主要 原因	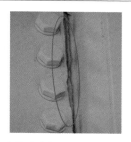 加工错误，边距太小　　　安装时随意切割，边距太小 （1）加工尺寸错误。 （2）现场安装随意切割，过程质量控制不严

防治措施

（1）认真查看深化设计图纸，加强加工下料和制孔精度控制，确保满足设计要求和有关规范规定。

（2）现场安装问题应及时报告项目技术负责人，研究制定处理方案，不能随意切割。

（3）高强度螺栓孔距和边距的容许间距按下表：

名　称	位置和方向			最大容许间距	最小容许间距
中心间距	外排（垂直内力方向或顺内力方向）			$8d_0$ 或 $12t$	$3d_0$
	中间排	垂直内力方向		$16d_0$ 或 $24t$	
		顺内力方向	构件受压力	$12d_0$ 或 $18t$	
			构件手拉力	$16d_0$ 或 $24t$	
	沿对角线方向				
中心至构件边缘距离	顺力方向			$4d_0$ 或 $8t$	$2d_0$
	切割边或自动手工气割边				$1.5d_0$
	轧制边、自动气割边或锯割边				

注：1　d_0 为高强度螺栓连接板的孔径，对槽孔为短向尺寸；t 为外层较薄板件的厚度；
　　2　钢板边缘与刚性构件（如角钢、槽钢等）相连的高强度螺栓的最大间距，可按中间排的数值采用

10.0.23　连接板点焊，用作临时固定

现象	钢梁安装时，将高强度螺栓连接板与腹板点焊
主要原因	 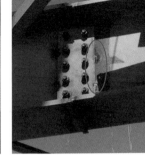 点焊临时固定　　　　　　　点焊临时固定 （1）施工前技术交底不明确。 （2）操作工人未使用临时螺栓，随意点焊固定。 （3）质量管理人员过程管控不到位
防治措施	 高强度螺栓安装规范 　　（1）高强度螺栓连接安装过程中，在每个节点上应穿入临时螺栓，不得用高强度螺栓兼作临时螺栓，更不能采用点焊临时固定。 　　（2）加强质量过程控制，严格"三检"制度

第11章 钢结构焊接工程

11.1 焊接工艺评定

11.1.1 未做焊接工艺评定或焊接工艺评定不能覆盖焊接施工内容

现象	未做焊接工艺评定或焊接工艺评定不能覆盖焊接施工内容
主要原因	（1）焊接施工前未编写专项焊接施工方案，或方案相关内容缺失。 （2）焊接专业技术管理人员不到位，或专业技术人员对施工图纸或焊接规范认知不足。 （3）焊接工艺评定替代原则超出规范允许范围
防治措施	（1）加强对焊接技术人员培训；焊接施工前针对焊接工程内容和特点编写专项焊接施工方案；严格执行《钢结构焊接规范》GB 50661。 （2）《钢结构焊接规范》GB 50661规定施工单位首次采用的钢材、焊接材料、焊接方法、接头形式、焊接位置、焊后热处理制度以及焊接工艺参数、预热和后热措施等各种参数的组合条件，应在钢结构构件制作及安装施工之前进行焊接工艺评定。

焊接工艺评定

（3）满足《钢结构焊接规范》GB 50661规定的免于焊接工艺评定的相关条款的焊接工程，可以不做焊接工艺评定。必要时，对于特殊节点形式，可针对性地做焊接工艺试验。

（4）焊接工艺评定替代原则不能超出规范允许范围

11.2　焊前质量问题

11.2.1　焊前母材未清理干净

现象	焊前母材未清理干净
主要原因	  斜支撑与钢梁焊缝油漆未清理　箱形柱对接焊缝铁锈未清理 （1）构件制作涂装时未对焊接部位进行专门预留处理。 （2）现场焊接施工管理不到位，或技术人员对焊接规范认知不足，或焊接技术交底不详细，导致点焊固定前母材未清理。 （3）焊工质量意识薄弱
防治措施	  管对接坡口清理干净　　　钢柱对接坡口清理干净 （1）钢结构制作时严格要求，对焊接部位按规范要求进行预留处理。 （2）对现场技术人员加强焊接规范培训，加强焊接施工管理，编写焊接专项方案和质量控制文件，焊接施工前对焊工进行焊接技术交底。 （3）坡口表面积距离坡口边缘 30mm 范围内的氧化皮、铁锈、油污、水等杂质，焊前必须清除干净。 （4）提高焊工质量意识

11.2.2　焊前坡口损伤

现象	焊前坡口损伤
主要原因	 箱形构件坡口根部损伤　　箱形构件转角处坡口根部损伤 （1）构件制作过程中或吊装倒运时损伤。 （2）构件安装工艺垫板前检查不到位或技术交底不详细。 （3）施工人员质量意识薄弱
防治措施	 无损伤的箱形梁坡口　　　　无损伤的 H 形梁坡口 （1）构件制作过程中或吊装倒运时，采取正确合理的工艺或有效措施，防止构件损伤。 （2）对技术人员加强焊接规范培训，增强施工人员质量意识。 （3）加强焊接施工管理，焊接施工前进行焊接技术交底，增强焊工质量意识。 （4）加强过程检验、焊前检验，对于破口损伤，务必于安装工艺垫板之前进行修复，防止造成焊缝质量不合格

11.2.3　坡口随意切割

现象	坡口随意切割
主要原因	  斜撑牛腿坡口随意切割　　　型钢组对腹板随意切割 （1）焊接施工管理不到位，焊接技术交底不详细，现场焊接质量管理制度不严格。 （2）焊工水平欠佳或质量意识薄弱，焊接质检工作不到位
防治措施	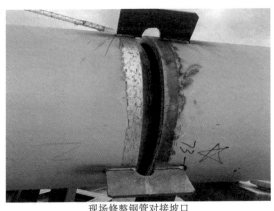 现场修整钢管对接坡口 （1）加强焊接施工管理，焊接施工前进行焊接技术交底，在焊接实施时严格监督执行。 （2）加强焊接质检及监督，提高质量意识。 （3）规范规定钢材厚度小于 100mm 时，割纹深度不大于0.2mm；钢材厚度大于 100mm 时，割纹深度不大于 0.3mm

11.2.4　定位焊质量差

现象	定位焊质量差
主要原因	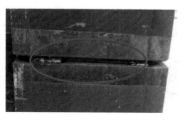  箱形柱定位焊前未清理　　球管焊缝定位焊缝开裂   定位焊缝密集　　　　　定位焊缝长度太短 （1）定位焊未按要求进行母材表面清理。 （2）电流电压等施焊参数不合理。 （3）定位焊焊工技能差
防治措施	（1）定位焊焊工必须持相应资格证书。 （2）焊接前调整好合理的施焊参数，在试焊焊件上试焊合格后再进行正式点焊焊接。 （3）制定严格的焊接、点焊工艺标准，加强管控力度。 （4）定位焊缝厚度不应小于 3mm，长度不应小于 40mm，其间距宜为 300～600mm。 （5）定位焊缝存在的缺陷，焊接施工前必须清除。 （6）定位焊缝必须采取不低于正式焊缝的工艺和质量标准

11.3　焊缝常见外观缺陷

11.3.1　焊缝气孔

现象	焊缝气孔
主要原因	对接焊缝盖面层密集气孔 角焊缝连续密集气孔 （1）未清理焊接区表面油污、铁锈、油漆、水分等污物。 （2）焊前焊条、焊剂未按要求烘干。风速较大，无有效的防风措施。 （3）焊接速度太快，或焊接参数不匹配，气体保护不充分。 （4）管路空气未排净，气体纯度不够，或未及时更换保护气体，气体用尽，混入空气
防治措施	 焊缝无气孔 （1）焊接前清理坡口及边缘不少于 30mm 范围内钢板表面油污、铁锈、油漆、水分等污物。 （2）焊材按要求烘干；采取有效的挡风设施。 （3）降低焊接速度，采取适合的焊接规范参数、气体流量，保持合理的焊枪角度和保证喷嘴通畅。 （4）更换气体或管路时排净空气，保证气体纯度，水分应控制在 0.005％ 以内，保持保护气体压力满足焊接需求

11.3.2　焊缝咬边

现象	焊缝咬边
主要原因	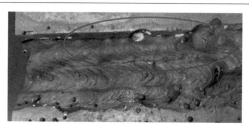对接平焊缝咬边 钢管相贯焊缝咬边 （1）焊接电流大、电压大、电弧过长，焊接速度太快。 （2）分层分道数量不够，堆垛层次不合理。 （3）焊枪角度、摆动幅度、摆动方式或停留时间不合理
防治措施	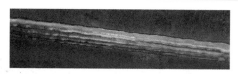横焊缝无咬边 （1）采用合理的焊接参数，如电流、电压，采用合适的焊接速度。 （2）采用多层多道焊，后一道与前一道的堆垛搭接要平滑过渡。 （3）根据焊缝位置、磁场方向选择合理的焊接方向、焊枪角度、摆动幅度和摆动方式，每道焊道横向摆动边缘停留时间合理。 （4）最后一道应适当调小焊接电流，采用合理的焊接电压和焊接速度

11.3.3　焊缝飞溅

现象	焊缝飞溅
主要原因	 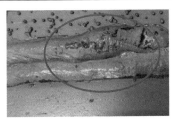 焊缝飞溅　　　　　　焊缝飞溅 （1）焊接材料不合格，含碳量高。焊前母材未清理干净。 （2）焊接规范参数不合理，电流电压不匹配，焊丝伸出长度大等。 （3）未采取防飞溅措施，焊接喷嘴不畅通。焊后未清理飞溅或未清理到位。 （4）焊接施工管理不到位，焊接技术交底不详细。焊工水平欠佳或质量意识薄弱，焊接质检工作不到位
防治措施	 立焊缝无飞溅 （1）采用合格的焊接材料。焊前按要求将母材清理干净。 （2）采取适合的焊接规范参数，采取合理的焊接方向和顺序。 （3）采取防飞溅措施，保持焊枪喷嘴畅通。 （4）加强焊接施工管理，焊接施工前进行焊接技术交底，焊后、涂装前必须严格检查，将飞溅清理干净。加强焊接质检及监督，加强工序间检验，增强质量意识

11.3.4 弧坑未填满接头未接上

现象	弧坑未填满接头未接上
主要原因	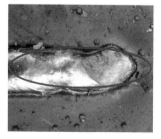 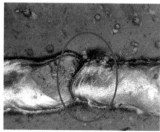 弧坑未填满　　　　　　接头未接上 （1）焊机没有或未设置熄弧程序，或设置不合理。 （2）未焊满即熄弧，或接头未接上即熄弧，熄弧后未手动填满弧坑。 （3）焊接施工管理不到位，焊接技术交底不详细
防治措施	 接头完好弧坑填满 （1）采用带有熄弧程序的焊接设备，并设置合理的熄弧程序。 （2）对焊工进行技能培训，指导焊工熄弧时要填满弧坑。 （3）调整适当的施焊参数，如电流、电压等。 （4）加强焊接施工管理，焊接施工前详细进行焊接技术交底。 （5）加强焊接质检及监督，加强工序间检验，增强质量意识

11.3.5　弧坑裂纹

现象	弧坑裂纹
主要原因	<div align="center">弧坑裂纹</div>（1）焊接电流太大。 （2）焊接熄弧时弧坑未填满。 （3）焊道内硫磷杂质过多。 （4）收弧速度过快或收弧位置不合理
防治措施	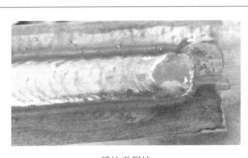<div align="center">弧坑无裂纹</div>（1）采用合适的焊接电流，熔深合理。 （2）熄弧时填满弧坑，防止熔池熔敷金属太薄，散热速度过快，导致弧坑部位熔敷金属拉裂。 （3）焊前清理焊道，防止硫磷杂质过多，产生结晶裂纹。 （4）适当降低收弧速度或采取回拉手法，降低冷却速度，改善熔池结晶状态，使熔池位置更合理

11.3.6 焊缝端部不饱满

现象	焊缝端部不饱满
主要 原因	  H 型钢梁下翼缘焊缝端部不饱满　　　　H 型钢梁上翼缘焊缝端部不饱满 （1）未加设引熄弧板。 （2）焊工不正确的操作手法或不良的操作习惯
防治 措施	  对接平焊缝端部焊接饱满　　　　H 型钢梁上翼缘焊缝端部焊接饱满 （1）按工艺要求准确装配引熄弧板，焊后按要求去除引熄弧板，并打磨平整。 （2）培养焊工良好的工作习惯，每层每道焊接结束时，采用合理的收弧方式和方法，填满每层每道的弧坑，或采用回拉手法，保证焊缝每层每道端头饱满、成型符合要求

11.3.7　弧坑缩孔

现象	弧坑缩孔
主要 原因	 弧坑位置不当且有缺陷 （1）焊机未进行收弧设置，或设置不合理，或手工操作不当，导致弧坑未填满。 （2）弧坑位置不当
防治 措施	 弧坑位置合理　　　　　　收弧填满弧坑 （1）焊机有收弧设置程序的应该合理设置收弧参数，使用没有收弧程序的焊机，应在焊接收弧操作时，手动填满弧坑。 （2）单层单道角焊缝的弧坑应该在熄弧时采用回拉手法，将弧坑位置留在距离焊缝端头 10～20mm 处

11.3.8　焊缝错边

现象	焊缝错边
主要原因	 圆管柱错边　　　　　上下翼缘同方向错边 （1）钢构件制作偏差大。 （2）施工质检力度不够，质量监督不到位，交接检工序不完善。 （3）钢梁吊装完，安装高强螺栓后未将钢梁错边校正，就进行高强螺栓终拧。 （4）焊接前检验不到位，焊前未对焊口错边进行校正
防治措施	 H型钢柱翼缘错边合格 （1）加强现场质量管控力度，严格质量监督管理，保证钢构件制作质量满足规范要求。 （2）焊前按规范要求对错边超差的部位进行校正，合格后再进行焊接施工

11.3.9　横焊缝焊道不直、焊缝凹凸不平、成型差

现象	横焊缝焊道不直、焊缝凹凸不平、成型差
主要原因	 横焊焊道不直、外观不平、成型差 （1）盖面焊接之前，填充层太高或太低，造成盖面焊接焊道厚度太厚或太薄，操作难度变大。 （2）填充质量差，盖面之前填充面凹凸不平。 （3）焊工水平欠佳
防治措施	 焊道顺直、外观美观　　　　焊道顺直、外观美观 （1）根据焊材规格、焊接规范大小以及个人操作手法，合理控制焊接时填充厚度，为盖面焊接创造有利条件，减少盖面焊接操作难度。 （2）横焊位置焊接，应在盖面焊接之前，在填充焊接时，应该根据盖面需要，提前计划焊接层次、填充厚度、填充面层形状（盖面前的基层形状）。保证填充厚度满足焊接盖面要求，并方便盖面焊接。 （3）选择适合的盖面焊接规范参数。 （4）选择技术优良的焊工

11.3.10 焊缝焊道起落弧位置集中

现象	焊缝焊道接头集中
主要原因	  箱形柱对接焊缝　　　　　　　　圆管柱对接焊缝 （1）技术人员对焊接规范认知不足，焊接施工管理不到位，焊接技术交底不详细。 （2）焊工水平欠佳或质量意识薄弱。 （3）安装耳板设置不合理，造成焊道只能在耳板处断开
防治措施	 箱形柱对接焊缝焊道接头错开 （1）对技术人员加强焊接规范培训。 （2）加强焊接施工管理，焊接施工前进行焊接技术交底。 （3）加强焊工水平培训，增强焊工质量意识。 （4）合理设置耳板，不影响焊接，根据焊接进展，及时去掉安装耳板

11.3.11　横焊缝盖面第一道局部低于母材现象

现象	横焊缝盖面第一道局部低于母材
主要原因	 焊缝局部低于母材 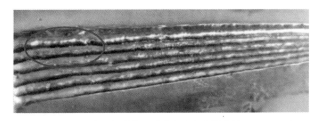 焊缝盖面焊道第一道底部局部未焊满坡口 （1）填充层厚度不够，造成盖面层需要较大厚度，盖面难度增加。 （2）焊缝第一道熔池位置控制不佳，焊枪摆动不到位。 （3）焊道堆垛层次不合理
防治措施	 焊道堆垛层次合理，焊缝成形良好 （1）对技术人员加强焊接工艺评定培训，详细知晓关键环节。 （2）加强焊接施工管理，焊接施工前进行焊接技术交底。 （3）加强焊工水平培训，增强焊工质量意识

11.3.12　未焊满现象

现象	焊缝盖面完成后低于母材
主要原因	

箱形梁立焊缝未焊满　　　　焊接球环焊缝未焊满

（1）焊缝填充焊接时，每一层填充厚度控制不合理，造成盖面前填充厚度不够，导致盖面焊接厚度无法满足，导致未焊满。
（2）盖面焊接焊道宽度超标，造成不能有效控制焊道厚度 |
| 防治措施 |

箱形梁立焊缝焊接饱满

（1）加强焊工水平培训，提高焊工质量意识。
（2）对焊接技术管理人员加强焊接工艺培训，加强焊接施工管理，焊接施工前进行焊接技术交底。加强焊接质量管控和过程管控 |

11.3.13　立焊缝宽窄不一、成型差

现象	立焊缝宽窄不一、成型差
主要原因	 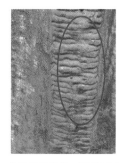 焊缝宽窄不一、焊瘤、咬边　　焊缝波纹粗糙、两侧不直 （1）坡口加工直线度差。 （2）填充焊接厚度控制不佳，过薄或太厚，或摆动幅度过大，造成盖面操作难度大。 （3）选择焊材直径过大；盖面焊接时电流太大；焊工水平欠佳
防治措施	  立焊角焊缝　　　　　立焊对接角接组合焊缝 （1）严格坡口加工质量控制，减小直线度偏差。 （2）根据焊材规格、焊接规范大小以及个人操作手法，合理控制焊接时填充厚度、摆动幅度，为盖面焊接创造有利条件，减少盖面焊接操作难度。 （3）选择适合的焊材种类和规格；选择适合的盖面焊接规范参数。 （4）选择合格的焊工

11.3.14 全位置焊缝成型差

现象	全位置焊缝成型差
主要原因	焊接球节点焊缝成型差　　　　钢管水平固定与球焊缝成型差 （1）制作精度、现场安装组对精度、现场修整质量造成坡口质量不满足要求，影响焊接质量。 （2）不同焊接位置与焊接规范参数、填充厚度的匹配不合理。 （3）焊工水平欠佳
防治措施	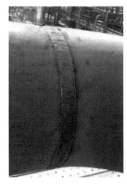焊接球节点焊缝成型好　　　　变径管水平固定焊缝成型好 （1）严格坡口加工质量控制，提高现场组对精度，不允许现场随意切割坡口，从而保证坡口质量符合要求。 （2）根据母材和焊材规格、坡口尺寸、焊接位置变化合理规划焊接堆垛层次和焊接厚度，选择合适的焊接规范参数。 （3）选择合格的焊工

11.3.15　切割工艺垫板时伤及母材

现象	切割工艺垫板时伤及母材
主要 原因	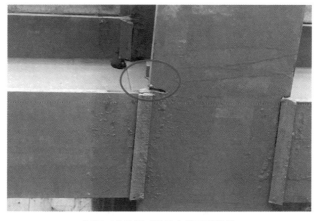 切割工艺垫板时伤及主梁下翼缘板 （1）操作者水平太低或操作不当。 （2）未进行技术交底。 （3）切割参数不合理。 （4）质检工作不到位
防治 措施	 工艺垫板切割符合要求 （1）加强焊接生产管理，严格技术交底。 （2）采用适合的切割方法，制定合理的切割工艺，采用适合的切割规范参数。 （3）采用技术水平合格的操作者。 （4）加强质量检验，发现问题按要求整改到位

11.4 其他错误做法

11.4.1 工艺垫板进入坡口

现象	工艺垫板进入坡口
主要 原因	  工艺垫板放入坡口　　　　　　工艺垫板放入坡口 （1）施工质检力度不够，质量监督不到位，交接检工序不完善。 （2）焊工素质不够，责任心不强
防治 措施	 工艺垫板、引、熄弧板的正确设置方式 （1）加强现场质量管控力度，严格质量监督管理。 （2）加强焊工培训，提升焊工素质

11.4.2 工艺垫板错误用法

现象	工艺垫板常见问题错误用法
主要 原因	 工艺垫板错误用法　　　　过长的工艺垫板焊后未切除 （1）施工质检力度不够，质量监督不到位，交接检工序不完善。 （2）焊工素质不够，责任心不强
防治 措施	 工艺垫板和引弧板熄弧板正确安装示意 　（1）加强现场质量管控力度，严格质量监督管理。加强焊工培训，提升焊工素质。 　（2）焊缝引弧板、引出板长度应大于 25mm，焊后用火焰或碳弧气刨或机械方法割除

11.4.3 焊缝填加其他金属

现象	焊缝填加其他金属
主要原因	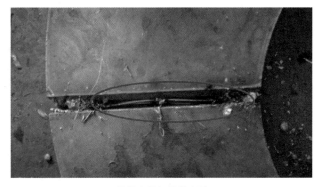 焊缝中填加其他金属 (1) 点焊人员非持证焊工,或素质低下。 (2) 制度不到位,交底不到位或执行不严格。 (3) 质量检查不严格
防治措施	 焊缝中不填加杂物 (1) 对定位焊焊工进行技能培训,提高定位焊技能。 (2) 施工前编写详细方案,制定合理工艺,并严格、详细向作业者交底。 (3) 对焊工进行基本理论知识培训,任何非焊接材料,均不可代替焊接材料填入坡口,以免影响焊缝质量或力学性能。 (4) 加强管控力度

11.4.4　超宽焊缝单道焊接

现象	超宽焊缝单道焊接
主要原因	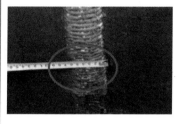  　　6cm宽立焊缝单道焊接　　　　5cm宽平焊缝单道焊接 　　（1）母材板厚太厚、坡口角度太大、构件组装时根部间隙过大等原因，造成焊缝坡口宽度过大。 　　（2）焊接工艺制定不合理，或执行不严格，未采取多道窄道焊接的方法焊接
防治措施	 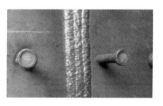 　　　　平焊缝多道焊接　　　　　　　立焊缝多道焊接 　　（1）严格按照工艺要求开制坡口；严格控制好组对间隙。 　　（2）超宽坡口焊接时，焊缝应采取多层多道焊接，每一道的焊道宽度控制原则：第一，焊接操作控制简单容易，焊缝内部质量和外观质量容易控制；第二，焊缝外观平滑、波纹细腻、焊道间平滑过渡、焊缝两侧顺直整齐；第三，焊接线能量符合焊接方案要求；第四，相邻层的焊缝熔合线、焊道中心线应错开位置避免重合。 　　（3）手工焊接采用焊条时，单道焊道最大宽度不应超过焊条直径4倍；采用焊丝时，单道焊道最大宽度不应超过20mm。 　　（4）制定合理的焊接工艺，并严格执行。确保相邻层的焊缝熔合线、焊道中心线不重合

11.4.5 对接与角接组合焊缝焊脚尺寸太大或不够

现象	对接与角接组合焊缝焊脚尺寸太大或不够
主要原因	 焊脚尺寸太大　　　　焊脚尺寸不够 （1）技术人员对焊接规范认知不足。 （2）焊接施工管理不到位，焊接技术交底不详细。 （3）焊工水平欠佳或质量意识薄弱，焊接质检工作不到位
防治措施	（1）加强焊脚尺寸应不小于接头较薄构件尺寸的1/2，且不大于10mm。 　　（2）对技术人员加强焊接规范培训。 　　（3）加强焊接施工管理，焊接施工前进行焊接技术交底。 　　（4）加强焊工水平培训，提高焊工质量意识。 　　（5）加强焊接质检及监督

11.4.6　焊缝非对称焊接

现象	焊缝非对称焊接
主要原因	  梁上柱节点　　　　　　柱顶与梁节点 （1）技术人员对焊接规范认知不足，焊接应力、变形对焊接质量影响认知不足。 （2）焊接施工管理不到位，焊接技术交底不详细。 （3）对典型、重要焊接节点的焊接工艺缺失。 （4）焊工水平欠佳或质量意识薄弱，焊接质检工作不到位
防治措施	  柱对接节点　　　　　　管与球节点 （1）对技术人员加强焊接规范培训。对称焊接是减小焊缝应力集中、减小焊缝残余应力、减小焊接变形的重要措施。 （2）加强焊接施工管理，焊接施工前进行焊接技术交底。 （3）对典型、重要焊接节点的焊接，应制定相应的、有针对性的焊接工艺，并在实施时严格监督执行。 （4）加强焊接施工管理，焊接施工前进行焊接技术交底。 （5）加强焊工水平培训，提高焊工质量意识。 （6）加强焊接质检及监督

11.4.7　斜撑焊缝焊接堆垛方式不正确

现象	斜撑焊缝焊接堆垛方式不正确，造成斜撑对接焊缝未焊满
主要原因	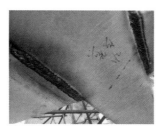<div align="center">倾斜位置焊缝填充堆垛方式不对且未焊满</div>（1）操作者水平太低或操作不当。 （2）未进行技术交底。 （3）焊接参数不合理。 （4）焊接时熔池形状偏离水平位置太多，焊接时摆动角度不合理，无法保证焊缝外观合格
防治措施	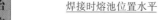<div align="center">焊接时熔池位置水平　　　　采用多层多道窄道焊接</div>（1）加强焊接生产管理，严格技术交底。 （2）采用适合的焊接方法，制定合理的焊接工艺，采用适合的焊接规范参数。 （3）采用技术水平合格的操作者。 （4）对于不水平的焊缝，焊接时应使熔池尽可能接近水平位置，并配合适当的焊炬摆动方式。 （5）采取多层多道窄道的焊接堆垛方式焊接

11.4.8　桁架和支撑杆件与节点板焊缝焊至节点板边缘

现象	桁架和支撑杆件与节点板焊缝焊至节点板边缘
主要原因	 支撑与节点板焊接节点 （1）焊接方案不合理，未进行技术交底。 （2）焊工未执行方案或交底，焊接管理不到位
防治措施	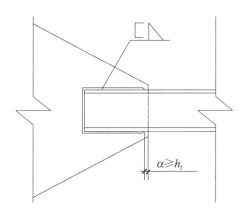 杆件与节点板焊缝正确焊接示意图 　　（1）当杆件承受拉力时，焊缝应在搭接杆件节点板的外边缘处提前终止，间距 α 不应小于焊脚尺寸 h_f。 　　（2）严格按照规范编写施工方案，严格详细地向焊工进行技术交底。 　　（3）加强质量管理，确保按规范施工

第 12 章 楼承板及栓钉工程

12.0.1 楼承板锈蚀

现象	楼承板锈蚀
主要原因	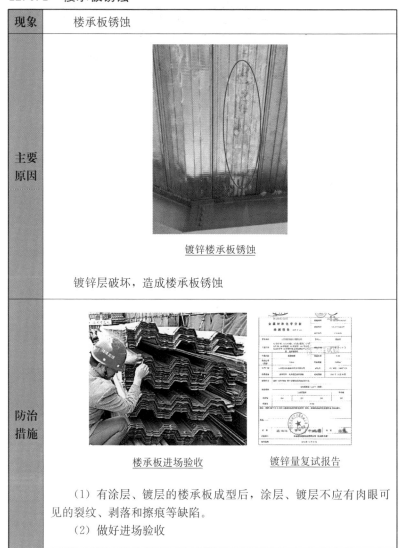 镀锌楼承板锈蚀 镀锌层破坏，造成楼承板锈蚀
防治措施	楼承板进场验收　　　镀锌量复试报告 （1）有涂层、镀层的楼承板成型后，涂层、镀层不应有肉眼可见的裂纹、剥落和擦痕等缺陷。 （2）做好进场验收

12.0.2 楼承板直接用钢丝绳捆绑吊装

现象	楼承板直接用钢丝绳成捆绑扎、吊运，导致楼承板变形损坏
主要原因	<div align="center">变形损坏的楼承板</div>（1）未选用正确的吊索具及捆绑方式吊装楼承板。 （2）没有在捆绑处加护角
防治措施	<div align="center">吊带吊运楼承板</div>（1）楼承板应采用专用吊具装卸和转运，严禁直接采用钢丝绳绑扎吊装。 （2）根据楼承板的起吊重量选择不同规格的吊带，并加护角。 （3）亦可采用扁担式吊杆吊装，并加护角

12.0.3　楼承板与钢梁的锚固支承长度不够

现象	组合楼板中楼承板与主体结构钢梁的锚固支承长度不够，小于50mm
主要原因	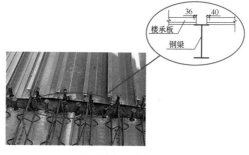楼承板支承长度不足 （1）深化设计预留搭接长度不足。 （2）楼承板加工尺寸偏差大。 （3）钢梁安装偏差大。 （4）楼承板铺装偏差
防治措施	检查楼承板与钢梁锚固支承长度 （1）根据主体结构施工图，绘制楼承板排版图，进行深化设计，确保楼承板深化设计质量。 （2）楼承板制作应严格控制尺寸，要履行进场质量验收程序，合格后方可使用。 （3）楼承板与主体结构钢梁的锚固支承长度应符合设计要求，且不应小于50mm。 （4）楼承板铺装前，应按深化设计图放线，并验线合格；严格按线铺装

12.0.4　组合楼板中的楼承板跨度较大时，楼板混凝土施工阶段，产生楼承板下挠变形

现象	楼承板承受包括钢筋、混凝土和施工活荷载等荷载，在施工阶段未对跨度较大的楼承板采取临时支撑加固措施，产生变形、下挠，甚至塌陷破坏
主要原因	 下挠变形的楼承板 （1）跨度大未加临时支撑。 （2）混凝土及其他材料堆放过于集中
防治措施	 设置楼承板临时支撑 （1）抓好施工前技术交底，强化过程管控。 （2）严格按照设计要求（一般情况下，跨度大于等于 3m 时）设置楼承板临时支撑。 （3）混凝土浇筑过程中要尽量均匀摊铺，避免集中堆载。 （4）加强楼承板与钢梁连接的质量控制，确保焊接满足要求

12.0.5　组合楼板中的楼承板铺装不严密，造成漏浆

现象	楼承板纵向拼接、与钢梁顶面接触不紧密，在墙、柱边处和预留洞口等地方，出现不同程度漏浆现象，污染了钢构件
主要原因	  <u>楼承板铺装不严密</u>　　　<u>楼承板漏浆严重</u> （1）在楼承板与钢柱和核心筒墙连接处未加通长角钢支托而出现较大缝隙。 （2）楼承板与钢梁间有缝隙、楼承板端部拼接不严密。 （3）预留洞口封堵不严
防治措施	  <u>楼承板拼接严密</u>　　　<u>楼承板与墙体交界处理措施</u>  <u>楼承板与柱交界处理措施</u> （1）在钢柱四周和核心筒墙外侧设置通长角钢支托，角钢规格不小于 $50mm \times 50mm \times 5mm$，并保证楼承板与角钢紧密接触，按要求点焊固定。 （2）将钢梁上表面清扫干净后再铺装金属压型板，保证楼承板与钢梁顶面间隙控制在 1mm 以内，再在波谷处点焊固定；铺装完成后要将板端孔隙封堵严密

12.0.6　楼承板采用火焰切割

现象	楼承板铺装时，由于尺寸不合适，现场直接用火焰切割，造成楼承板镀锌层被破坏，切口外观质量差
主要原因	  预留洞火焰切割　　　　　　边角处火焰切割 （1）施工前，技术交底对切割工艺要求不明确，过程把控不严格。 （2）没有配备专用切割设备
防治措施	  采用等离子切割机切割楼承板　　预留孔洞后切割做法 （1）楼承板切割工艺必须在技术交底时要求明确，采用等离子切割机进行切割，严禁火焰切割。 （2）配备等离子切割机，培训操作手，能熟练使用设备

12.0.7 楼承板端部的波形槽口错位大

现象	楼承板铺设时相邻板端错位严重，影响板端封堵，造成漏浆
主要原因	 相邻楼承板板端错边 安装前未在钢梁上标出楼承板的位置线，随意铺装
防治措施	  相邻楼承板板端对齐　　　　采用配套定型堵头封堵板端 （1）钢结构安装完成并验收合格后，清理钢梁上的污染物。 （2）安装前要在钢梁上标出楼承板的位置线，严格按线铺设，相邻楼承板端部的波形槽口应对准，不出现错边。 （3）向操作工人进行楼承板安装技术交底，并在过程施工中严把质量关

12.0.8　收边板与楼承面不垂直

现象	收边板固定不牢
主要原因	 楼承板收边板与楼面不垂直 （1）收边板加固措施不合理。 （2）收边板成品保护不到位
防治措施	楼承板收边板与楼面垂直、固定牢固 （1）规范要求收边板板面应与楼层面垂直。 （2）以一定间距加设拉条增加收边板强度。 （3）加强施工过程中成品保护

12.0.9　栓钉焊接外观质量不符合要求

现象	栓钉焊接后外观存在焊层过厚、过薄、凹陷、咬边、缩颈、未熔合、气孔、裂纹等缺陷
主要原因	 栓钉穿透焊质量差　　　　栓钉非穿透焊缩颈 （1）焊接参数不合理。 （2）焊接操作不当，焊枪与作业面不垂直，焊枪移动。 （3）焊接环境空气湿度太大或瓷环受潮或焊接部位有水等
防治措施	 质量合格的栓钉穿透焊　　　质量合格的栓钉非穿透焊 （1）栓钉焊接前，应经焊接工艺评定确定合理的焊接工艺。 （2）栓钉焊接时，严格执行焊接工艺方案。 （3）空气湿度要符合焊接要求，焊接部位要干净，不能有杂物和水，瓷环要提前进行烘焙。 （4）栓钉焊前，应按焊接参数调整好提升高度（即栓钉与母材的间隙），焊接金属凝固前，焊枪不能移动；焊枪脱落时要直起不能摆动。 （5）栓钉焊接质量检查：进行30°弯曲试验检查，其焊缝和热影响区不应有肉眼可见的裂纹；焊钉根部360°焊脚应均匀

12.0.10　穿透型栓钉焊，楼承板被烧坏

现象	穿透型栓钉焊接后，楼承板被烧穿
主要原因	<div align="center">楼承板被烧坏</div>（1）焊接电流太大，焊接时间过长。 （2）钢梁上有杂物未清理干净，或楼承板变形，造成钢梁与楼承板间隙大
防治措施	<div align="center">穿透型焊接质量合格</div>（1）要进行穿透型栓钉焊接工艺评定。 （2）正式焊接前要试焊，根据焊接工艺评定和现场实际，确定适宜的焊接工艺参数。 （3）采用与穿透型焊接配套的瓷环并烘焙。 （4）采取措施确保楼承板与钢梁紧密贴合

12.0.11 楼承板表面局部损坏，杂物未清理干净

现象	楼承板表面局部被砸坏没有修复，混凝土块、砂浆、木屑等杂物没有清理干净，就进行下道工序
主要原因	 楼承板上杂物 （1）核心筒混凝土浇筑时漏浆造成的混凝土块、砂浆等杂物未清理。 （2）钢梁、钢柱焊接时留下的焊渣、焊丝、废料等未清理。 （3）高强螺栓终拧后掉下的梅花头未清理。 （4）由于杂物掉落、踩踏等造成楼承板被损坏
防治措施	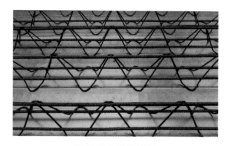 清理干净的楼承板 （1）施工开始前，技术交底时要将各工序技术和质量要求讲清楚，在施工过程中要及时发现问题、及时处理。 （2）要严格"三检"制度，重点抓好上下道工序交接检，把好工序质量关

第 13 章 钢结构涂装工程

13.1 防腐涂料涂装

13.1.1 钢构件除锈质量未达到设计等级要求

现象	钢构件表面除锈质量未达到设计等级要求，喷涂油漆后，造成油漆涂层脱落、返锈等质量问题
主要原因	 　连接板未及时除锈　　　　　连接板除锈质量不合格　　（1）选择的除锈方法不合适，达不到设计要求的除锈等级。　（2）在除锈过程中和除锈后质量控制不严格
防治措施	（1）选择合适的除锈方法，包括手工和动力工具除锈。　（2）除锈后的钢材表面不应有氧化皮、焊渣、焊疤、灰尘、油污、水和毛刺等，露出钢材本色，并用现行国家标准《涂覆涂料前钢材表面处理　表面清洁度的目视评定　第1部分：未涂覆过的钢材表面和全面清除原有涂层后的钢材表面的锈蚀等级和处理等级》GB/T 8923.1中规定的图片对照观察检查 　现场焊接节点除锈合格

13.1.2 油漆误涂

现象	钢构件在高强度螺栓连接摩擦面、焊接部位、埋入混凝土内的部分等不应涂装油漆的部位误涂油漆

摩擦面连接处全部喷上油漆　　　　焊接部位喷上油漆

钢柱在楼板厚度范围喷上油漆

（1）在油漆涂装前，对钢构件不应涂刷油漆的部位标识不清晰，没有采取有效的措施加以遮盖保护，造成误涂油漆。

（2）工序检查不到位，过程质量控制不严格

主要原因

防治
措施

埋入混凝土内的部分不涂油漆

摩擦面不涂油漆

焊接部位不涂油漆

（1）明确不涂装油漆的部位并标识，在施工技术交底时，向操作人员交代清楚、要求明确。

（2）油漆涂装前，要采取有效措施将不需涂装油漆的部位保护起来。

（3）加强工序质量检查，发现问题及时整改

13.1.3 在钢构件节点表面涂刷油漆时，出现漏涂、返锈、涂层脱落等

现象	钢构件油漆涂刷完成后，构件表面油漆存在漏涂、返锈、涂层脱落
主要原因	  节点补漆漏涂　　　　　补漆节点返锈 （1）涂刷部位漏涂或涂刷厚度不够。 （2）基层除锈或表面清理未处理好，存在水气、油污、氧化皮等造成涂层脱落和返锈。 （3）因涂刷后受高温或太阳暴晒、涂刷不均、涂层过厚、表面收缩过快，导致皱皮和流坠  油漆起皮脱落
防治措施	  栓焊连接节点补漆质量好　　栓焊连接节点补漆厚度检测 （1）油漆涂刷要均匀，不同涂层间的施工应有适当的重涂间隔时间。 （2）油漆调制应搅拌均匀，随拌随用，不得随意添加稀释剂。 （3）表面除锈处理与涂装的间隔时间宜在 4h 之内，在湿度较低的晴天不应超过 12h。 （4）要及时按照验收规范进行干漆膜厚度检测

13.1.4　在钢构件节点表面补涂油漆，有明显皱皮、流坠和鼓包等

现象	钢构件节点油漆涂刷完成后，有明显皱皮、流坠、鼓包等质量缺陷
主要原因	 节点补漆皱皮　　　　　节点补漆鼓包  （1）基层除锈或表面清理未处理好，存在油污、氧化皮及其他污物等造成涂层附着力降低。 （2）因涂刷不均、一次性油漆涂层过厚、表面收缩过快，导致皱皮和流坠。 （3）空气的相对湿度大、基层潮湿 节点补漆流坠
防治措施	  焊接球节点补漆外观质量好　　栓焊连接节点补漆质量好 （1）节点区域的污物要清理干净，基层除锈等级要符合设计要求。 （2）环境温度和湿度要满足油漆施工工艺要求，构件表面干燥无水气。 （3）油漆涂刷要均匀，分遍涂刷不能太厚，不同涂层间的施工应有适当的重涂间隔时间，其间隔时间应符合油漆产品说明书的规定

13.1.5 现场焊接连接节点基层清理不彻底，补涂油漆不及时

现象	现场焊接完成后，未及时清除焊渣、飞溅物，就涂刷油漆；或不及时补涂油漆，造成锈蚀
主要原因	（1）向操作人员技术交底不清楚，没有明确提出补漆节点基层清理标准、环境条件和补涂时间。 （2）油漆涂刷人员责任心不强，质量意识差，质量管理人员过程管理不到位、不严格要求。 （3）工期紧、人员少，不重视节点油漆涂刷  现场焊接部位补漆不及时
防治措施	  柱-柱焊接部位打磨干净　　　　柱-柱焊接部位油漆补涂 （1）加强技术交底工作，严格要求节点补涂油漆工序质量。 （2）质量管理人员要重视焊接节点基层清理工作，焊接节点施工完成，经质量检查验收合格后，要及时将基层飞溅物及铁锈清除干净，在环境条件符合油漆施工要求时，及时安排人员补涂油漆，涂刷油漆的遍数和厚度要满足设计要求。 （3）油漆涂刷时，底漆、中间漆要配套使用，不能仅用一种油漆，这样会造成涂层附着力、防锈性能降低，达不到设计要求的防腐效果

13.1.6　高强度螺栓连接节点未清理干净，就补涂油漆

现象	高强螺栓连接节点未及时清除保护层、油污及被污损的水泥砂浆等，就补涂油漆
主要原因	 连接板保护层未清理 （1）向操作人员技术交底不清楚，没有明确提出补漆节点基层清理标准。 （2）油漆涂刷人员责任心不强，质量意识差，质量管理人员过程管理不到位、不严格要求
防治措施	 基层清理干净后按要求补涂油漆 （1）加强技术交底工作，严格要求节点补涂油漆工序质量。 （2）高强螺栓连接施工前，要将摩擦面保护膜清理干净。 （3）钢结构节点施工完成、质量验收合格后，要重视节点基层清理工作，并及时进行油漆涂刷

13.1.7 钢构件在运输、安装过程中受到碰撞，导致油漆涂层破坏，未及时补涂油漆

现象	钢构件在运输、安装过程中受到碰撞，导致油漆涂层破坏，未及时补涂油漆，以致构件出现锈蚀
主要原因	  返锈的破损油漆涂层　　　　　被钢丝绳勒坏的油漆表面 （1）钢构件吊装过程中没有采取有效保护措施。 （2）管理人员不重视，操作人员不认真，质检人员检查不到位
防治措施	  钢梁下翼缘损坏的油漆补涂　　　损坏的钢柱油漆补涂 （1）采用合理的吊装方法，并尽可能保护好钢构件表面油漆。 （2）技术人员要求到位，质检人员检查到位。 （3）管理人员应及时安排工人按照油漆的施工工艺要求补涂损坏的油漆部位

13.1.8　现场油漆补涂时，不按设计要求配套使用

现象	现场油漆补涂时，不按要求分别进行底漆和中间漆或底漆、中间漆和面漆涂刷，而是只用底漆或中间漆或面漆补涂，影响构件防腐性能
主要原因	（1）技术交底不清楚，要求不明确。 （2）操作工人图省事，仅用一种油漆补涂。 （3）技术、质量管理人员过程控制不严，检查不到位
防治措施	（1）涂层的底漆、中间漆和面漆，或底漆和中间漆必须符合设计要求配套使用，不得互换使用或仅用一种代替。 （2）要求各层涂料性能的配套性。选择各层涂料时，如配套不当，易发生互溶或"咬底"现象。 （3）现场补涂油漆前，技术人员要向工人进行书面技术交底，明确工艺要求和质量标准。 （4）加强过程质量控制，并做好质量验收

13.1.9　在腐蚀性介质环境中，钢构件油漆涂层不进行附着力检验

现象	当钢构件处在有腐蚀介质环境中，不事先进行附着力测试，而按常规环境下使用的钢构件要求进行防腐涂装，涂层附着力有可能达不到要求，将影响钢结构使用寿命
主要原因	（1）技术人员对设计图纸或相关规范的要求不清楚。 （2）图省事不进行涂层附着力测试。 （3）试验员遗漏了油漆涂层附着力检验项目
防治措施	（1）施工前，工程技术人员要认真审阅施工图纸，了解设计要求。 （2）认真编制钢结构工程试验、检验计划，不得漏项，并向试验员做好试验交底。 （3）在钢构件进行油漆涂装前，要对有关人员进行油漆涂装的书面技术交底，明确钢构件表面除锈和粗糙度要求，以及油漆品种、性能和涂装工艺要求，以保证涂层附着力满足设计及规范要求。 （4）按照现行国家标准《漆膜附着力测定法》GB 1720 进行涂层附着力测试检查。在检测处范围内，当涂层完整程度达到 70% 以上时，涂层附着力达合格质量标准的要求

13.2 防火涂料涂装

13.2.1 防火涂料涂装基层有油污、灰尘、泥土和混凝土等污垢

现象	在防火涂料施工前，钢构件表面的油污、灰尘、泥土、水泥砂浆和混凝土等污物没有完全清除干净，这样将影响防火涂料在钢构件表面的附着力，使用中容易起鼓、脱落，降低耐火极限
主要原因	  钢梁表面水泥砂浆未清理　　　构件表面泥土未清理 （1）不重视基层质量，没有将基层清理作为一道工序进行检查验收。 （2）在钢构件表面做简单的清理后直接进行防火涂料涂装
防治措施	 **构件表面清理干净后喷涂防火涂料** （1）施工前，技术人员要对操作人员进行详细的技术交底，明确做法和质量标准。 （2）质量管理人员要对包括基层清理等各工序质量进行检查验收，基层清理不干净不能进行防火涂料涂装。 （3）在施工过程中，要重视成品保护，采取措施保护钢构件不受污损

13.2.2 防火涂料涂层表面出现裂纹

现象	防火涂料干燥后，涂层表面出现超过规范允许的裂纹宽度，降低涂层耐火极限等级和使用寿命
主要原因	  防火涂料开裂　　　　　　防火涂料凹凸不平、开裂 （1）厚涂型防火涂料采取一次喷涂成形，不进行分层喷涂施工，会因自重向下流坠，粘接不牢，易使涂层开裂、脱落。 （2）分层喷涂时，上道涂层未干燥，就涂装下道涂层的防火涂料。 （3）防火涂料施工环境温度过高或过低，引起表面迅速固化或收缩，产生开裂
防治措施	（1）结合施工环境和气温，按照防火涂料产品说明书的要求施工。 （2）上下道涂层的时间间隔应满足涂层最小涂装间隔要求。 （3）涂装施工期间应避免暴晒、雨淋和受冻，注意养护。 （4）薄涂型防火涂料涂层表面裂纹宽度不应大于 0.5mm；厚涂型防火涂料涂层表面裂纹宽度不应大于 1mm。对不满足规范要求的涂层，应按工艺要求铲除后再分层补涂  防火涂料分层施工

13.2.3　防火涂料涂层出现空鼓、脱落及漏涂等

现象	防火涂料涂层出现漏涂、空鼓、脱落缺陷
主要原因	 厚涂型防火涂料脱落　　　　　薄涂型防火涂料脱落 （1）技术交底要求不清楚，质量检查不细，过程控制不到位。 （2）没有按工艺要求分遍喷涂或涂刷，作业马虎。 （3）基层清理不彻底，没有按工艺要求处理好
防治措施	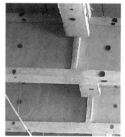 涂抹工艺施工防火涂料外观好　　　喷涂工艺施工防火涂料外观好 （1）涂装作业时，要加强技术交底，严格全过程观察检查，发现缺陷及时修补处理。 （2）加强操作工人技术培训，掌握防火涂料施工技能。 （3）防火涂料施工完成后，按照规范要求及时进行检查验收

13.2.4　防火涂料外观质量差，表面凹凸不平、粉化松散等外观缺陷

现象	防火涂料表面凹凸不平、厚薄不均、粉化松散等外观缺陷
主要原因	 防火涂料表面松散 （1）质量检查不细，过程控制不到位。 （2）现场配制防火涂料配合比不准确，搅拌不均匀
防治措施	　 梁柱防火涂料外观　　　防火涂料厚度检测 （1）涂装作业时，要加强技术交底，严格工艺要求，加强过程检查，发现缺陷及时修补处理。 （2）按照防火涂料产品说明书要求，进行现场配制和搅拌均匀防火涂料备用。 （3）防火涂料施工完成后，按照规范要求及时进行外观检查和厚度检测

13.2.5　在防火涂料施工前，没有进行防火涂料与油漆的相容性试验

现象	不进行防火涂料与油漆的相容性试验就进行防火涂料施工，将导致防火涂料粘结强度低，出现空鼓、脱落等问题
主要原因	<div align="center">防火涂料大面积脱落</div>（1）钢结构工程施工前，没有制定完整的试验计划，造成试验漏项。 （2）试验员未按要求送样检测。 （3）管理人员不重视，要求不到位，造成防火涂料施工完成后大面积脱落
防治措施	<div align="center">防火涂料与油漆的相容性试验</div>（1）施工前要结合工程特点，制定切实可行的试验计划，并向试验员做好交底。 （2）在防火涂料施工前，技术人员要做好各项技术准备，包括材料复试、技术交底和防火涂料与油漆的相容性试验等

第14章 索膜结构工程

14.1 索结构

14.1.1 平行钢丝束拉索（PE索）外保护套损伤

现象	平行钢丝束拉索（PE索）外包聚乙烯护套料PE损伤
主要原因	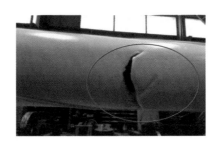 护套损伤 （1）聚乙烯护套料挤塑过程中偏离橡胶滚轮。 （2）挤塑现场清理不干净。 （3）车间加工时，工人操作不当或吊装过程中磕碰
防治措施	（1）在挤塑过程中，外包PE索体所通过部位设独立操作台，所有滚轮采用橡胶包制且转动状况良好。 （2）挤塑现场清理干净，避免出现尖锐物。 （3）索体加工完毕，应及时增加防护层减少索体外界的直接接触。 （4）索体吊装过程中，应将索体全部吊起或未吊起部位通过转动状况良好的滚轮，杜绝将索体生拉硬拽等情况 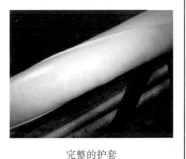 <div align="center">完整的护套</div>

14.1.2 索体表面出现划痕

现象	安装过程索体表面出现划痕
主要原因	 索体表面划痕 （1）拉索铺放、安装及张拉过程中，未做好防护。 （2）放索过程中直接在地面上滑动，导致索体被其他构件划伤
防治措施	 索体保护 （1）使用编织布、防火布等将索体进行防护。 （2）拉索铺放、安装及张拉过程中，采取措施做好保护

14.1.3 索体表面跳丝

现象	索体表面出现跳丝等现象
主要原因	 索体跳丝 拉索铺放、安装及张拉过程中，措施不利，导致索体局部弯折角度过大
防治措施	 放索盘展索　　　　　　拉索顺直 （1）拉索放开时，应使用放索盘，借助吊车或捯链等，慢慢放开。 （2）采用镀锌钢丝每隔 300～400mm 对索体进行绑扎。 （3）采取措施，保证提升和张拉过程中索体基本顺直

14.1.4　索夹安装位置错误或偏差

现象	索夹安装位置错误或偏差等现象
主要原因	  索夹处未做标记　　　　　　索夹安装位置错误 （1）拉索下料时未做索夹标记或标记位置错误。 （2）索夹安装过程中未按照标记位置安装
防治措施	  索夹工厂标记　　　　　　　安装位置正确 　　（1）保证预应力状态进行拉索下料，并在标记力下在索体上准确标记出节点位置，并做好编号，以便现场对号安装。 　　（2）现场一定严格按照索夹标记位置进行安装，并按照要求控制安装偏差

14.1.5 拉索松弛或索头无法就位

现象	拉索安装不到位或者安装完成后拉索弯曲等现象
主要原因	  拉索松弛　　　　　　　　　　索头无法就位 （1）拉索下料长度错误或偏差较大，拉索安装不到位或安装后拉索弯曲。 （2）拉索张拉力值错误或偏差较大，拉索安装不到位或安装后拉索弯曲。 （3）设计给定的张拉力值比较小，张拉完成后拉索有一定弯曲
防治措施	  张拉力合理 （1）保证拉索三维空间长度，并在预应力状态进行准确下料。 （2）张拉施工前，对张拉油缸进行标定或保证其在标定期内，保证张拉油缸能够正常工作。 （3）严格按照仿真分析确定的张拉力进行拉索施工，保证索力允许偏差值在设计和规范允许范围内

14.2 膜结构

14.2.1 膜单元间存在色差

现象	相邻膜单元之间存在明显色差
主要原因	 膜单元色差 （1）膜材不是使用同一厂家同一批次的材料。 （2）膜材裁剪前没有进行色差检验或未按色差检验结果使用材料
防治措施	 膜材色差检验　　　　　膜材颜色均匀 （1）每个膜单元应使用同一厂家同一批次的膜材料。 （2）每卷膜材要用色差计进行色差检验。 （3）按照色差检验结果的要求顺序使用膜材

14.2.2　膜材热合焊接时灼伤

现象	膜材热合焊接时灼伤
主要原因	 膜材热合焊接时灼伤 （1）热合加工过程使用的焊接参数不合适。 （2）焊缝搭接量不足
防治措施	 膜材热合焊接合格 （1）热合加工前，应根据膜材的特点，对连接方式、搭接或对接宽度进行试验确定焊接参数。 （2）焊缝要留"飞边"

14.2.3 膜单元击穿

现象	膜单元热合加工过程中出现击穿
主要 原因	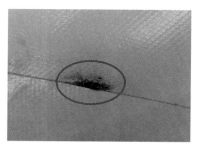 膜材击穿 （1）膜材焊缝处不够清洁。 （2）使用的焊接参数不合理。 （3）膜材涂层不合格
防治 措施	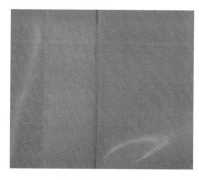 膜材热合焊接合格 （1）保证加工车间和焊缝清洁，热合加工之前将膜材清理干净。 （2）热合加工前，应根据膜材的特点，对连接方式、搭接或对接宽度进行试验确定焊接参数；严格按照热合焊接试验参数执行，并加强过程控制。 （3）更换膜材批次或厂家

14.2.4　膜单元"假焊"

现象	膜单元出现"假焊"现象
主要原因	<div align="center">接缝"假焊"</div>（1）选用的焊接参数不合理。 （2）热合加工或冷却压力不够。 （3）焊缝或焊接胶片不干净
防治措施	<div align="center">焊缝牢固</div>（1）热合加工前，应根据膜材的特点，对连接方式、搭接或对接宽度进行试验确定焊接参数。 （2）热合加工前，要做好焊接车间的清洁工作。 （3）热合加工前，要做好膜材和焊接胶片的清洁工作。 （4）热合完成后，要对热合的焊接缝进行 100％检查

14.2.5　焊接出现严重热收缩

现象	膜单元加工时焊接出现严重热收缩
主要原因	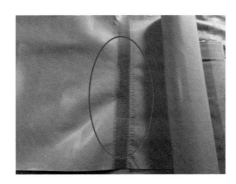 接缝不平整 （1）热合加工时，焊接参数不合理。 （2）热合加工时，未采取措施防止热收缩
防治措施	 接缝平整 　　（1）热合加工前，应根据膜材的特点，对连接方式、搭接或对接宽度进行试验确定焊接参数。 　　（2）热合加工时对膜材施加张力，有效防止热收缩。 　　（3）热合加工程序完成后要立即对焊缝冷却，冷却过程同样要施加张力

14.2.6 膜单元边界与主体结构连接尺寸偏差大

现象	膜单元边界与主体结构连接尺寸偏差大
主要原因	 尺寸偏差大 （1）主体结构复测时不准确，导致误差大。 （2）膜单元裁剪设计过程中，未考虑主体结构误差或未实际测量。 （3）膜单元加工过程中，整体边界误差大
防治措施	 与结构贴合严密 （1）主体结构施工完成后，对主体结构各边界尺寸进行复测后裁剪设计。 （2）膜裁剪设计及膜加工应进行全过程控制，保证膜单元加工尺寸无误。 （3）膜单元安装前，复核各边界尺寸，若误差较大应在安装前修正

14.2.7　膜单元积水

现象	安装后出现膜单元积水现象
主要原因	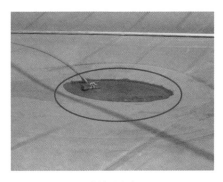<div align="center">膜单元积水</div>（1）膜单元设计时排水坡度较小，导致膜单元积水。 （2）膜安装时，膜材张拉力小导致膜单元积水。 （3）膜单元排水孔堵塞，导致膜单元积水
防治措施	<div align="center">排水良好</div>（1）膜单元设计时，应充分考虑排水坡度，膜面坡度不小于 6°。 （2）下雨前检查膜排水系统，保证膜单元排水畅通。 （3）膜单元张拉后受力平衡并达到设计要求

14.2.8　膜附件锈蚀

现象	膜附件出现生锈现象
主要原因	 膜附件生锈 （1）膜附件材料选择错误。 （2）膜附件防腐不合格。 （3）膜附件加工后未检验即安装
防治措施	 附件处理合格 （1）膜附件防腐应符合腐蚀环境要求。 （2）膜附件涂装完成后，应严格进行检验，涂层质量符合要求。 （3）施工过程中，损伤膜附件应及时处理

14.2.9　膜面出现褶皱

现象	膜面出现大量褶皱现象
主要原因	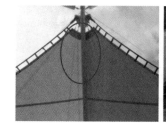 膜面褶皱 （1）膜单元加工尺寸不合格。 （2）膜单元未张拉到位。 （3）膜角部花篮螺栓等张拉件未调整到位。 （4）主体结构尺寸局部偏差过大
防治措施	 膜面平整 （1）膜材裁剪时需依据膜材应力应变曲线确定的补偿值进行裁剪加工。 （2）膜安装前复核主体结构尺寸，局部大误差应及时修正。 （3）膜单元张拉时，应采用合理的张拉顺序，最好膜各边界同步张拉。 （4）膜单元安装时，弧形边界末端应张拉就位，角部花篮螺栓等张拉件需精确调整逐步传递角部膜应力

第15章　钢结构金属围护工程

15.1　屋面系统

15.1.1　女儿墙（墙顶）

现象	女儿墙顶泛水板出现缝隙漏水
主要原因	 防雷天线支座缝隙　　　　女儿墙顶防雷天线分布 （1）女儿墙顶基底表面不平整，造成防雷天线连接支座与泛水板连接处存在缝隙。 （2）密封胶在缝隙处撕裂，导致女儿墙顶泛水板漏水
防治措施	 德泰盖片的应用　　　　　德泰盖片安装分解 （1）首先将作为防雷天线的圆钢下端焊接于女儿墙顶的墙梁上，并做好防锈处理。 （2）其次将女儿墙顶泛水板在防雷天线圆钢处开孔，并将圆钢穿过此孔。 （3）再将防雷天线穿过德泰盖片顶部的圆孔，并在德泰盖片下面铺设衬丁基胶带，然后，用缝合钉将其固定于女儿墙顶泛水板上

15.1.2 女儿墙（墙下）

现象	女儿墙下泛水板与屋面板连接及搭接处，无密封胶，出现缝隙漏水
主要原因	  泛水板搭接　　　　　女儿墙下泛水板搭接分布 （1）山墙下泛水板与金属屋面板直接拉铆钉连接，其间未设丁基胶带。 （2）山墙下泛水板搭接处无内衬丁基胶带。 （3）山墙下泛水板安装后里低外高，造成积水漏水
防治措施	 正确做法效果 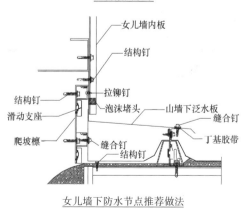 女儿墙下防水节点推荐做法

防治措施	（1）在山墙下屋面檩条边部安装爬坡檩，用于固定山墙下女儿墙内板。 （2）结合屋面板长度及温度变形因素，将边部屋面板固定或滑动方式固定于爬坡檩侧面。 （3）将山墙下泛水板上端用拉铆钉固定或滑动方式固定于爬坡檩上部侧面。 （4）将山墙下泛水板的下端与金属屋面板波峰连接；"女儿墙下防水节点推荐做法"图中，与波峰连接时增加了转换件，使之与波峰侧面连接。转换件与屋面板锁边波峰侧面、山墙下泛水板间均铺设有通长连续的丁基胶带，并通过缝合钉予以连接。 （5）严禁将山墙下泛水板下端与金属屋面板波谷或侧面直接连接。 （6）女儿墙内板下端与山墙下泛水板间宜设置泡沫堵头。 （7）女儿墙内板应采用自攻螺钉固定于爬坡檩上。当考虑泛水板与屋面板一起滑动时，不应将山墙下泛水板与爬坡檩、女儿墙内板三者固定在一起。 （8）山墙下泛水板的安装，应有 5% 的坡度，使山墙根部高，雨水流向屋面。 （9）山墙下泛水板搭接用连接钉采用防水拉铆钉或缝合钉。 （10）在山墙下泛水板搭接处通长内设带微型粒珠的丁基胶带；不宜使用密封胶，防止密封胶在连接钉固定后挤光，失去防水效果。 （11）山墙下泛水板搭接处连接钉间距不宜过大，不超过 50mm 为宜。 （12）在山墙下泛水板转角处连接钉应尽量靠近转角处，距离 30mm 左右为宜。避免转角处丁基胶带不密实，影响防水效果

15.1.3 山墙（与屋面板直接连接）

现象	山墙泛水板与屋面板连接及搭接处，钉孔漏水；搭接处连接钉脱落而出现缝隙漏水
主要原因	（1）山墙泛水板与屋面板直接连接，且其间未设丁基胶带，构造设计不合理，造成钉孔直接漏水。 （2）山墙泛水板搭接处无丁基胶带，连接钉脱落，出现缝隙漏水  泛水板搭接缝渗漏
防治措施	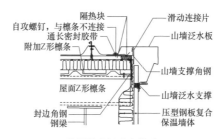 常规的山墙节点做法 （1）本示例是根据常规的做法实施的。实施过程中，山墙泛水板与屋面板边板通过拉铆钉连接；因拉铆钉间距过大，通长密封胶带不密封，造成拉铆钉钉孔及板缝漏水。 （2）具体实施过程中，先将金属屋面板边板裁剪后，用自攻螺钉与滑动连接片连接在一起，且自攻螺钉不得与屋面檩条连接，以免影响滑动。 （3）然后，在屋面板边板相应位置擦拭干净，粘贴通长的丁基胶带。 （4）采用自攻螺钉，将山墙泛水板在丁基胶带处固定于屋面板边板和滑动连接片上，自攻螺钉间距不宜大于 100mm。 （5）通长丁基胶带宜采用带微型粒珠的丁基胶带，厚度不宜小于 4mm，宽度不小于 30mm；不宜使用密封胶，防止密封胶在连接钉固定后，挤光失去防水效果。 （6）最后，安装山墙泛水支撑，这里，山墙泛水支撑须有足够的厚度和刚度，避免山墙泛水板从山墙泛水支撑处脱开，被风掀起，造成破坏

图中标注：
- 隔热块
- 自攻螺钉，与檩条不连接
- 通长密封胶带
- 附加Z形檩条
- 滑动连接片
- 山墙泛水板
- 山墙支撑角钢
- 屋面Z形檩条
- 山墙泛水支撑
- 封边角钢
- 钢梁
- 压型钢板复合保温墙体

15.1.4　山墙（泛水板搭接）

现象	山墙泛水板搭接处，连接钉脱落，出现钉孔漏水
主要原因	（1）山墙泛水板搭接处拉铆钉剪断，导致泛水板出现缝隙而漏水。 （2）山墙泛水板侧面固定于墙面板上，属不滑动件；但因屋面板热胀冷缩滑动造成连接撕裂而漏水。 （3）本漏水示例是山墙泛水板下端固定于墙面板上，属于不滑动体。而金属屋面板属于滑动部分。其间的连接方式，在设计时按照常规做法实施的。 （4）本漏水示例中直接将山墙防水板固定于山墙板和屋面板上。而屋面板是滑动的，这就造成山墙泛水板连接撕裂而漏水  山墙泛水板搭接缝撕裂
防治措施	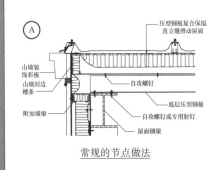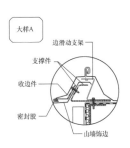 常规的节点做法　　　　　节点做法大样 （1）在防治过程中，先将支撑件固定于屋面檩条上，再将山墙泛水板上端固定于支撑连接件左部侧面，然后在泛水板上部侧面安装固定收边件用的支撑件。 （2）在支撑件右端上表面，安装边部滑动支架。 （3）将屋面板边板即收边件左下部固定于支撑件上，右上部固定于直立锁缝屋面板的波峰上；用手动夹预夹紧。 （4）采用电动锁边机进行屋面板和收边件间的直立锁缝。 （5）这种连接方式，可防止山墙泛水板因屋面板热胀冷缩变形而连接撕裂

15.1.5　屋脊

现象	屋脊泛水板搭接处出现缝隙漏水
主要原因	屋脊泛水板搭接缝隙　　　　屋脊泛水板搭接缝整体分布 （1）屋脊泛水板之间搭接处，连接钉脱落，造成钉孔漏水。 （2）搭接处无内衬丁基胶带，造成缝隙漏水
防治措施	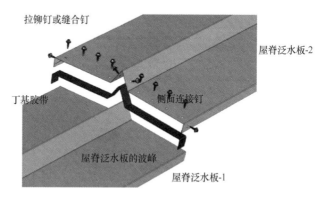屋脊泛水板搭接分解

屋脊泛水板搭接

（1）设计时，应参考图集《压型金属板建筑构造》17J925-1 的屋脊节点做法，金属屋面的屋脊泛水板的波峰尺寸应根据金属屋面板单坡长度和是否考虑金属屋面热胀冷缩的因素影响来确定。

（2）原则上屋脊泛水板长度北方地区不宜超过 3000mm。南方地区可根据设计适当放宽。以环境最大温差 $T=50℃$ 计，金属屋面板的热膨胀系数 $\delta=12\times10^{-6}$，屋脊泛水板的热胀冷缩变形量 $\Delta L=3000\times50\times12\times10^{-6}=1.8mm$。

（3）屋脊泛水板的长度方向两端宜预冲孔，搭接处下部应设为圆孔，上部应设为长圆孔。具体孔径大小视采用的连接钉种类而定。

（4）屋脊泛水板搭接处，应设置通长的丁基胶带，其厚度不宜小于 4mm，宽度不小于 30mm；不宜使用密封胶，防止密封胶在连接钉固定后，挤光失去防水效果。

（5）搭接处用连接钉宜采用大帽拉铆钉或缝合钉；连接钉间距不宜过大，不超过 50mm 为宜。波峰弯折处连接钉应尽量靠近转弯处，以便压实丁基胶带，防止出现缝隙漏水。

（6）屋脊泛水板与屋面板的连接，不应直接连接，以免钉孔漏水直接渗漏至室内造成损失；而应通过与金属屋面板相配套的屋脊挡水板来转换连接，最好使用侧面连接技术；这样即使钉孔漏水，也不会流入室内

防治
措施

15.1.6 屋脊（端部）

现象	屋脊端部，屋脊泛水板与山墙泛水板连接处失效而漏水
主要原因	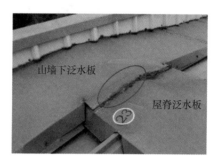屋脊端部细节 屋脊端部整体位置 （1）屋脊端部泛水板构造连接设计不合理；造成泛水板连接处撕裂，防水失效。 （2）山墙下泛水板的连接未考虑热胀冷缩对连接钉撕裂变形的影响

考虑热胀冷缩影响的屋脊端部

（1）本示例的做法，在现有国家标准图集和规范中均没有交代，具体做法都不规范；因此，往往各种因素考虑不周，造成该处漏水的现象时有发生。

（2）具体设计、施工时应考虑以下几个方面的因素：

① 女儿墙下山墙泛水板是与金属屋面板固定在一起的，会因温度引起的热胀冷缩，随屋面板一起伸缩变形。因此，该山墙泛水板不应与女儿墙内板固定连接在一起，否则，造成连接撕裂漏水。

② 屋脊泛水板是与山墙泛水板和屋脊挡水板连接在一起的，会因热胀冷缩变形的影响一起变形的，其三者之间的连接应采用固定连接方式。

③ 屋脊泛水板端部是女儿墙内板；前者会因屋面板热胀冷缩而变化。后者是不动的，两者之间的缝隙一定会有雨雪进入的。

（3）根据上述分析的原因，可采取以下两个措施予以解决：

① 采用德泰盖片防水的形式，通过内衬丁基胶带或丁基软胶将其与女儿墙内板、山墙下泛水板、屋脊泛水板三者连接在一起；因为德泰盖片是柔性的，可以随温度变化而改变形状。施工时应注意连接细节，确保连接过渡处的密封、防水效果。

② 另一种措施，是通过设置内置的金属构造盒，将从屋脊泛水板与女儿墙内板之间的间隙浸入的雨水导出并排泄到屋面板，并在女儿墙内板与屋脊泛水板间设置适当变形间隙

15.1.7 屋面（采光带下端）

现象	采光带与屋面板连接失效而漏水
主要原因	 采光带搭接缝细节  采光带搭接缝整体位置 （1）采光带纵向与金属屋面板搭接处有缝隙、钉孔不密封，导致防水失效。 （2）采光带下端与屋面板的连接无钢衬板，也无压板
防治措施	 采光带与屋面板搭接处下端

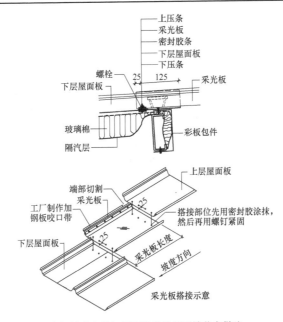

防治措施

常规的采光带与屋面板搭接处下端节点做法

（1）根据现有的常规做法，采光带两侧应带有钢板咬口带，钢板材质与金属屋面板同；钢板咬口带与采光板间铺设有丁基胶带，并由自锁铆钉连接在一起，自锁铆钉间距不宜过大。

（2）采光带两侧钢板咬口带的形状、尺寸应与金属屋面板两侧咬口相匹配。

（3）采光带下压条采用工厂预制，宜采用金属材质的热浸镀锌板或不锈钢板，其厚度不小于 2mm，并应带有不锈钢螺栓和防松紧螺母。其不锈钢螺栓应采用压铆或焊接的方式固定于下压条上。

（4）在金属屋面板与采光带搭接处均应预制螺栓孔，并在实施搭接前临时固定于金属屋面板上。

（5）搭接处下层屋面板的咬口处，应予以剪切一定尺寸的缺口，此缺口不宜过低，否则会造成搭接咬口处漏水。图集中搭接部位先用密封胶涂抹，这在实施过程中证明效果不佳。而应在搭接部位通长铺设带微型粒珠的丁基胶带。在转角部位宜增加丁基软胶或丁基胶带。

（6）尤其注意的是，钢板咬口带与采光板间铺设的丁基胶带，在采光带两端的搭接范围内，应挤出至咬口带外侧不少于 2mm。以免搭接时丁基胶带不连续而漏水

15.1.8　屋面（天窗侧面）

现象	天窗侧泛水板搭接处，连接失效，出现缝隙漏水

天窗侧泛水板连接缝隙

天窗侧泛水板连接缝整体分布

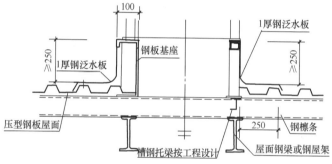

常规的高采光天窗侧泛水板节点做法

主要原因

（1）节点连接方式设计不合理，未考虑金属屋面板热胀冷缩对天窗侧面泛水板撕裂的影响。

（2）天窗侧边泛水板搭接处，连接钉过少或脱落，造成缝隙漏水和安全隐患。

（3）常规做法给出的高采光节点图如上图所示；这里存在以下几点隐患应予以特别注意：

① 常规做法中要求的1mm厚钢泛水板，实际上太模糊，具有不确定性。既没有指出是热浸镀锌板还是彩色涂层钢板，又没有说是普通钢板再进行防锈、防腐处理；而应明确与金属屋面板材质相同即可，既方便采购，也没有电位锈蚀的影响。

② 常规做法中的泛水板，皆是使用连接钉将泛水板与金属屋面板的波峰相连接。这里泛水板与屋面板间缺少防水构造材料，如丁基胶带等。一旦屋面积雪或钉孔漏水，会造成高采光系统直接漏水。

主要原因	③ 高采光两侧泛水板固定在高采光的钢板基座上，属固定不动件；一旦屋面板因热胀冷缩影响引起屋面板伸缩变形时，会造成屋面板与泛水板连接撕裂而漏水或出现安全问题。 ④ 高采光屋面下端的泛水板与金属屋面板的波峰相连；且挡水板与屋面板间存在较大间隙，即使屋面板上端翻边也无法阻止风雪刮进内部，造成漏水隐患。 ⑤ 最后，高采光的泛水板与下端的泛水板之间的连接，均由施工现场的技术工人临时解决与安装，具有很大随意性，质量无法保证
防治措施	 高采光侧泛水板连接典型做法 针对上述常规做法节点存在的问题，高采光天窗侧面节点可采用下图所示的方式。 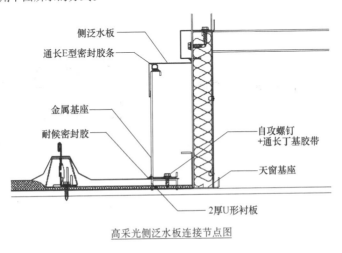 高采光侧泛水板连接节点图

防治措施	（1）首先在高采光洞口的两侧的金属屋面下，内衬 2mm 厚 U 形衬板。 （2）将工厂预制的金属基座下面，通长铺设丁基胶带后，用自攻螺钉将其与 U 形衬板固定在一起。 （3）金属基座的下部宜在工厂预留 $\phi 6.5$mm 的圆孔，圆孔间距不大于 100mm。 （4）选用的自攻螺钉长度不宜大于 25mm；以免自攻螺钉穿透屋面檩条，影响金属屋面板的滑动。自攻螺钉施工时，应踩紧金属基座，以免金属基座下面的丁基胶带被自攻螺钉卷起，造成防水失效。 （5）在金属基座与屋面板交界处通长涂抹耐候密封胶，形成第二道防水。 （6）在金属基座的顶面通长铺设 E 型密封胶条；保证高采光天窗侧泛水板与金属基座的间的气密性。 （7）金属基座不得与侧泛水板采取固定连接，但允许具有防水功能的滑动连接

15.1.9　屋面板（锁边）

现象	金属屋面板锁边失效而漏水
主要原因	   金属屋面直立锁边失效　　　　锁边失效整体分布 （1）屋面板出现锁边失效，造成漏水。 （2）锁边失效后，造成屋面板在波峰锁边处出现缝隙而漏水

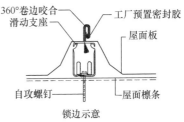

金属屋面直立锁边后整体效果及示意图

（1）施工时确保屋面板的波距，特别是对单坡屋面板很长，需要进行长度搭接的屋面板，更要确保波距，波峰顺直。

（2）选择合适于金属屋面板板型的电动锁边设备。

（3）必须对与支架连接处的屋面板，进行手动预夹锁边，确保锁边机从此处顺利锁边通过，否则，会造成锁边机在此处脱开，造成锁边失效。

（4）实施锁边时，施工人员必须紧盯锁边机，注意锁边情况。一旦发现锁边失效等问题，立即停止，检查并找出原因后再重新锁边。

（5）对失效的屋面板锁边，修复后重新开始锁边，如不能修复应予以拆除更换。

（6）对不能修复的锁边，可采用德泰盖片或其他柔性防水的方式进行防水处理

15.1.10　屋面板（檐口）

现象	金属屋面板与檐口天沟连接处，连接钉被剪断，出现钉孔漏水
主要原因	 檐口固定屋面板连接钉被剪断 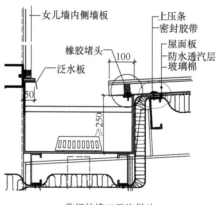 常规的檐口天沟做法 （1）设计不合理。 （2）金属屋面板檐口固定用的结构钉，数量过少。 （3）檐口处未设金属压板，导致结构钉被剪断，出现钉孔导致漏水，又造成金属屋面檐口处抗风能力不足，形成安全隐患

檐口天沟的标准做法

（1）一般常规做法，单坡屋面的金属屋面板须在屋面结构上需设置一处固定点，而其他处采用滑动支座连接，以适应金属屋面热胀冷缩的变化。

（2）当固定点设置在檐口时，可根据上述常规做法，既可以增加屋面板檐口的抗风揭能力，又可以提高天沟檐口的防水性能。

（3）这里固定屋面板于屋面檩条的自攻螺丝首先应采用耐腐蚀、耐磨性能较好的结构钉。连接钉数量应经过计算确定。

（4）使用的上压条，宜使用金属压条，但应避免其与金属屋面板产生电化学反应，造成屋面板锈蚀破坏。而本示例无金属压条。

（5）图中的密封胶带宜使用丁基密封胶带，且宜采用内含微型粒珠型，以免密封胶带压平后失去防水效果。而本示例无丁基胶密封带。

（6）紧固自攻螺钉时，应当用脚踩紧金属压条，再用电动扳手予以紧固自攻螺钉。防止在紧固时，金属压条下丁基胶泥被自攻螺钉卷起，造成钉孔周围没有丁基胶泥而直接漏水的现象。实际工程中应尽量避免在屋面板檩条处打孔固定屋面板，而将天沟与檐口檩条直接固定，从而减少一道檐口固定点，避免钉孔漏水。

（7）施工时确保屋面板的波距，特别是对单坡屋面很长，需要进行长度搭接的屋面板，更要确保波距，波峰顺直，否则，檐口波峰的橡胶堵头或放不进去或与金属板间隙过大，造成丁基胶泥密封效果失效而漏水。而本示例无橡胶堵头，也无丁基胶密封带。

（8）屋面板与天沟之间的丁基胶泥须连续铺设，在橡胶堵头处须铺设两边丁基胶泥或实施丁基软胶，防止橡胶堵头转角处留有空隙而漏水

防治措施

15.1.11 屋面（出屋面设备）

现象	金属屋面，出屋面设备洞口漏水
主要原因	<div align="center">洞口漏水</div>（1）出屋面设备洞口与金属屋面板之间柔性防水密封失效。 （2）出屋面洞口上端屋面板波谷积水，导致漏水
防治措施	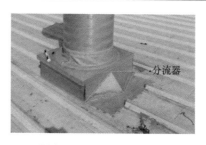<div align="center">金属屋面出屋面设备洞口做法</div>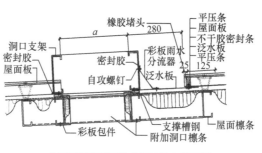<div align="center">金属屋面出屋面设备洞口纵向剖面图</div>

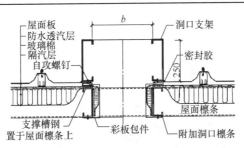

金属屋面出屋面设备洞口横向剖面图

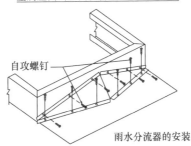

金属屋面雨水分流器安装示意图

防治措施

（1）本示例出屋面管道与金属屋面板间的防水，采用柔性防水涂料，因屋面压型板波距小，造成波峰间积水，柔性防水长期在雨水浸泡中，加速了防水涂料老化进程而漏水。

（2）图中没有考虑金属基座与屋面板间铺设连续通长丁基胶带的问题；设计时必须考虑；金属基座与屋面板交接处四周的密封胶，均应采用耐候密封胶。

（3）雨水分流器与其下面的泛水板连接时，应铺设连续的丁基胶带，采用自攻螺钉予以固定，自攻螺钉应采用耐候、耐磨、耐腐蚀的外用型。

（4）图中雨水分流器下的泛水板，应采用 2～3mm 厚热浸镀锌板折弯加工而成；不得采用薄彩板，因其刚度不足，会造成雨水分流器前塌陷、撕裂、积水；雨水分流器前的屋面板波峰，切除时尽量使用剪切切割；如果使用金刚石锯切割时，应将切口予以打磨，用细锉磨掉金属毛刺，避免雨水锈蚀。

（5）金属基座前的不干胶密封条，均应采用带微型粒珠的丁基胶带，所有丁基胶带的厚度不得小于 4mm。雨水分流器下的泛水板与屋面板的连接钉间距不得大于 100mm

15.1.12   屋面（被风掀）

现象	金属屋面板被风掀破坏
主要原因	 金属屋面风力破坏细节　　　　金属屋面风力破坏整体分布 （1）金属屋面系统的整体抗风掀性能不足，造成金属屋面板与屋面檩条的连接失效。 （2）金属屋面板与连接支座间采取270°锁边的方式，抗风掀性能不足
防治措施	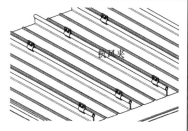 铝镁锰板屋面　　　　铝镁锰板屋面抗风夹安装分布示意 （1）首先，在设计选择金属屋面系统和板型时，就应考虑其抗风掀性能。 （2）如果厂家无法提供金属屋面系统安全等级认证，应根据设计选择的金属屋面系统，进行抗风掀试验检验方能使用。 （3）针对本示例的铝镁锰板屋面系统的抗风掀能力不足的问题，可从以下几个方面解决： 　① 在金属屋面支座处增设抗风夹（如上图所示）；抗风夹的选择应注意与金属屋面的电化学反应，以免腐蚀金属屋面板。 　② 在抗风夹紧固完成后，应确保铝镁锰板与固定支座间能够顺利滑动。 　③ 抗风夹应布置在建筑角区或边区，具体应通过设计确定

15.1.13　天沟（中部）

现象	金属屋面板与檐口天沟连接处漏水
主要原因	 无防水构造天沟 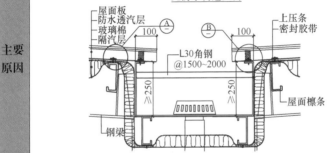 常规的无防水构造天沟做法 （1）檐口与天沟连接构造设计不合理。 （2）檐口固定点连接钉过少。 （3）屋面板与檩条连接处缺上压条，抗风掀能力不足。 （4）屋面板与天沟间没有防水构造措施。 （5）波峰处无密封堵头，出现防水失效，导致漏水
防治措施	 金属屋面中天沟外部　 金属屋面中天沟内部

防治措施	（1）根据《压型金属板工程应用技术规范》GB 50896—2013 的规定，单坡屋面的金属屋面板须在屋面结构上需设置一处固定点，而其他处采用滑动支座连接，以适应金属屋面热胀冷缩的变化。 （2）当固定点设置在檐口时，可根据常规的做法（如上图所示），这种防水构造措施既可以增加屋面板檐口的抗风掀能力，又可以提高天沟檐口的防水性能。本示例无防水构造措施。 （3）这里固定屋面板于屋面檩条的自攻螺钉首先应采用耐腐蚀、耐磨性能较好的结构钉。连接钉数量应经过计算确定。本示例连接钉明显偏少。 （4）使用的上压条，宜使用金属压条，但应避免其与金属屋面板产生电化学反应，造成屋面板锈蚀破坏。本示例无金属压条。 （5）图中的密封胶带宜使用丁基密封胶带，且宜采用内含微型粒珠型，以免密封胶带压平后失去防水效果。本示例没有使用丁基胶带。 （6）紧固自攻螺钉时，应当用脚踩紧金属压条，再用电动扳手予以紧固自攻螺钉。防止在紧固时，金属压条下丁基胶泥被自攻螺钉卷起，造成钉孔周围没有丁基胶泥而直接漏水的现象（见大样图）。实际工程中应尽量避免在屋面板檩条处打孔固定屋面板，而将天沟与檐口檩条直接固定，从而减少一道檐口固定点，避免钉孔漏水。 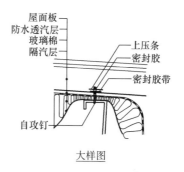 大样图 （7）施工时确保屋面板的波距，特别是对单坡屋面很长，需要进行长度搭接的屋面板，更要确保波距，波峰顺直，否则，檐口波峰的橡胶堵头或放不进去或与金属板间隙过大，造成丁基胶泥密封效果失效而漏水。 （8）屋面板与天沟之间的丁基胶泥须连续铺设，在橡胶堵头处须铺设两边丁基胶泥或实施丁基软胶，防止橡胶堵头转角处留有空隙而漏水

15.1.14　天沟（端部）

现象	天沟端板高度不够，造成天沟端部漏水
主要 原因	 金属屋面天沟端部细节　　　　金属屋面天沟端部整体分布 （1）设计不合理，未考虑天沟端部的防水构造。 （2）天沟端板高度不够，造成天沟雨水过大时，漫过端板而漏水。 （3）金属屋面板的边板与天沟交接处留有缝隙，造成漏水
防治 措施	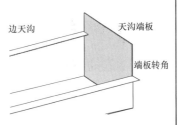 金属屋面天沟端部标准做法　　金属屋面天沟端板位置示意图 （1）本示例天沟端板太低，导致天沟端部内墙板的下泛水板与天沟处留有缝隙。造成天沟积雪或雨水过大时，天沟端部漏水。 （2）在设计时就应考虑加高天沟端板。如是中天沟应将天沟端板高出天沟顶面 200mm；如是边天沟须将天沟端板高出天沟最高处顶面 100mm。 （3）山墙下的屋面边板与天沟端板的转角处，其防水应予以充分考虑。 （4）应保证女儿墙内板、山墙内板、山墙下泛水板、天沟端板之间的防水连续密封；其间均应采用连续的丁基胶带作为密封材料

15.2 墙面系统

15.2.1 窗口（上部）

现象	窗体上部与墙面板连接处，连接失效而漏水
主要原因	 *墙体窗上口存在缝隙* （1）墙面板与窗口上部、侧口彩板收边件连接设计不合理。 （2）连接有误，导致窗口角部连接出现缝隙而漏水
防治措施	 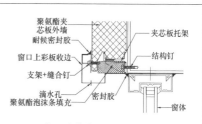 *标准墙体窗上口*　　*典型墙体窗上口节点做法* （1）窗口上部彩板收边与墙面板的连接节点，应根据具体墙面板排版，选择适合的连接方式。 （2）本示例所示，宜采用上图所示的连接方式。 （3）窗口上彩板收边应与夹芯板外墙有可靠的连接，并且在两者交界处通长涂设耐候密封胶。 （4）窗口上彩板收边的下部宜设置 $\phi8$mm 滴水孔，间距不大于 1000mm。 （5）窗口上彩板收边的下部宜设置集水槽；集水槽的内侧距离外墙表面不小于 30mm；以使密封胶老化后，雨水能够进入集水槽内。 （6）在窗口彩板收边的两端，应采取上收边压侧收边的方式，以免雨水进入泛水板内

15.2.2　窗口（下部）

现象	窗口下泛水板与侧泛水板转角处漏水
主要原因	 　墙体窗口角部细节　　　墙体窗口下部　（1）窗口下窗体与窗口下泛水板间密封胶老化。（2）在固定窗框的连接钉处，无防水处理，造成窗体内部漏水。（3）窗口下泛水板在与侧泛水板交接处端部为向上弯起，造成漏水
防治措施	 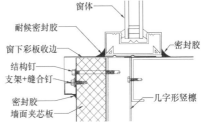　标准墙体窗口下部　　　标准墙体窗口下部节点做法　（1）窗口下彩板收边与墙面板的连接节点，应根据具体墙面板排版，选择适合的连接方式。（2）本示例所示，宜采用上图所示的连接方式。（3）窗口下彩板收边应与夹芯板外墙有可靠的连接，并且在两者交界处通长涂设耐候密封胶。（4）窗口下彩板收边的上表面宜设置向外流水的坡度。（5）窗口下彩板收边与窗体连接处应涂设耐候密封胶；同时应注意，安装窗体时，固定窗体的自攻螺钉钉孔和窗体预留孔必须进行防水封堵；避免窗体本身漏水，难以发现。（6）在窗口下彩板收边的两端向上折弯 50mm，并应采取侧收边压下彩板收边的方式，以免雨水进入泛水板内

15.2.3　墙身（墙面横排板拼缝）

现象	墙面横排板，墙面拼接缝金属压条漏水
主要原因	  横排版墙体竖缝金属压条存在缝隙　　　横排板竖缝拼接整体分布 （1）采用横排夹芯板时，墙面的竖向拼接缝，其金属压条与夹芯板间因缝隙而漏水。 （2）夹芯板装饰缝端部与金属压条间存在缝隙而漏水
防治措施	 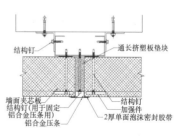 横排版竖缝金属压条　　　　横排版竖缝金属压条节点做法 （1）墙面竖向拼接缝的金属压条与墙面板的连接节点，应根据具体墙面板排版，选择适合的连接方式；实际经验表明，金属压条的刚度尤为重要。与墙面板材质相近的彩板压条，刚度最差，极易造成缝隙漏水。而铝合金压条刚度很好。 （2）本示例所示，宜采用上图所示的连接方式。 （3）值得注意的是，金属压条即图中的铝合金压条与墙面夹芯板间应设置 2mm 厚单面泡沫密封胶带。 （4）固定铝合金压条用的结构钉，其间距不应大于 500mm。否则，会造成泡沫密封胶带无法压实的现象出现。 （5）由于横排板时，板间均留有装饰缝，装饰缝与金属压条间的间隙应采用耐候密封胶或与装饰缝形状相匹配的密封胶条予以可靠封堵。否则，极易造成漏水

图中标注：结构钉　通长挤塑板垫块　墙面夹芯板　结构钉　结构钉（用于固定铝合金压条用）　加强件　铝合金压条　2厚单面泡沫密封胶带

15.2.4 墙身（墙面竖排版竖缝）

<table>
<tr><td>现象</td><td>竖排夹芯板拼接缝漏水</td></tr>
<tr><td>主要原因</td><td>
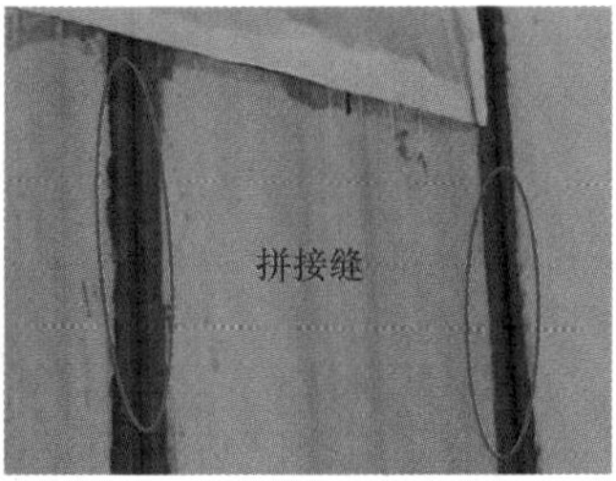

竖排夹芯板拼接大样

竖排夹芯板拼接整体分布

竖排夹芯板墙面，因竖向拼接缝本身不具防水性能，施工时又没有采取防水措施而漏水</td></tr>
<tr><td>防治措施</td><td>
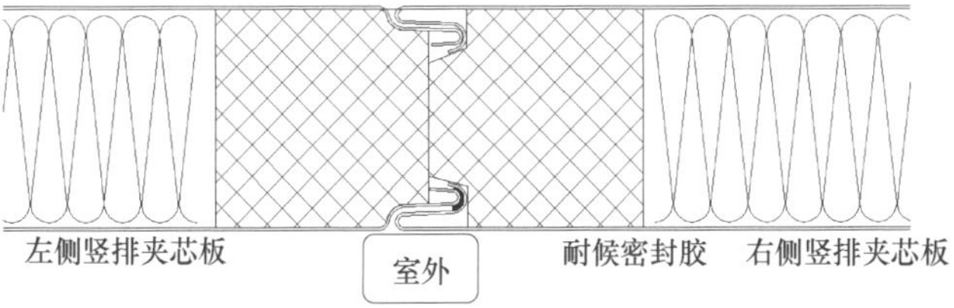

竖排夹芯板节点做法

（1）目前，国内墙面夹芯板的板型大部分用于横排板；作为竖排板时应尽量选用防水效果好的板型作为竖排板使用。

（2）普通的竖排板连接节点如上图所示。

（3）右侧竖排夹芯板的外侧母口处，应设置通长的预注耐候密封胶（见上图）。

（4）预注耐候密封胶应连续均匀，不得间断，且最小厚度不小于 5mm。

（5）安装时，应保证竖排夹芯板一次安装到位，不可反复安装。

（6）一旦发现安装反复的现象，应将夹芯板卸下重新补打耐候密封胶，直至合格为止。

（7）两竖排板之间的连接必须垂直紧密</td></tr>
</table>

15.2.5　墙身（墙面板温度变形）

现象	夹芯板墙面，板面出现弯曲凹陷
主要原因	 　　墙面夹芯板变形　　　　　　　墙面板变形整体分布 　　（1）墙面夹芯板的金属板面因热胀冷缩影响，出现板面凹陷，凹凸不平，影响美观，甚至会造成安全隐患。 　　（2）墙面夹芯板的芯材密度不足或金属面板颜色级别过高，导致夹芯板表面出现凹凸不平现象
防治措施	 夹芯板墙面整体

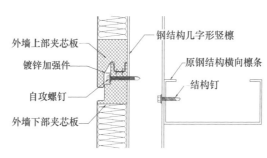

夹芯板墙面图集中横排板节点做法

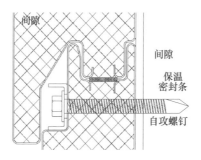

夹芯板墙面节点做法

防治
措施

（1）避免这种情况出现，首先应提高墙面板整体刚度；墙面板安装时，板间应预留间隙，适应热胀冷缩影响。

（2）标准图集中，横排夹芯板安装节点如上图所示。

（3）墙面上下板间的密封采用保温密封条。

（4）安装墙面板时，安装到位后，应确保板间留有 0.5～1.0mm 的间隙。以适应墙面板宽度方向热胀冷缩的影响。

（5）工厂加工生产时，应确保尺寸准确，误差在允许范围内。

（6）岩棉夹芯板的芯材密度不得低于 120kg/m³

15.2.6 墙身（墙面板安装变形）

现象	夹芯板结构钉连接处，出现凹陷变形
主要原因	  夹芯板墙面变形局部　　　　　夹芯板墙面变形整体分布 墙面板安装过程中，因固定墙面夹芯板的自攻螺钉过紧，造成夹芯板局部压缩变形严重，出现凹陷，凹凸不平，影响美观
防治措施	 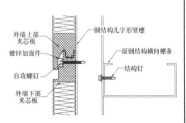 夹芯板墙面横排板　　　　　图集中夹芯板横排板节点做法 （1）标准图集中，横排夹芯板安装节点图如上图所示。 （2）为避免本示例这种固定自攻螺钉处墙面板凹陷的情况出现，除增加墙面板连接处局部刚度外；尚宜控制好自攻螺钉的松紧程度；必须既保证连接紧密又保证连接处夹芯板芯材不变形。 （3）严格控制钢结构竖檩的垂直度和平整度